CB141752

Mania de Matemática - 2

Ian Stewart

Mania de Matemática – 2

Novos enigmas e desafios matemáticos

Tradução:
Diego Alfaro

Revisão técnica:
Samuel Jurkiewicz
Coppe-UFRJ

ZAHAR

Título original:
How to Cut a Cake
(And Other Mathematical Conundrums)

Tradução autorizada da primeira edição inglesa,
publicada em 2006 por Oxford University Press,
de Oxford, Inglaterra

Copyright © 2006, Joat Enterprises

Copyright da edição brasileira © 2009:
Jorge Zahar Editor Ltda.
rua Marquês de S. Vicente 99 – 1º
22451-041 Rio de Janeiro, RJ
tel (21) 2529-4750 | fax (21) 2529-4787
editora@zahar.com.br | www.zahar.com.br

Todos os direitos reservados.
A reprodução não autorizada desta publicação, no todo
ou em parte, constitui violação de direitos autorais. (Lei 9.610/98)

Grafia atualizada respeitando o novo
Acordo Ortográfico da Língua Portuguesa

Composição: Letra e Imagem
Capa: Sérgio Campante
Ilustração da capa: © Spike Gerrell

CIP-Brasil. Catalogação na fonte
Sindicato Nacional dos Editores de Livros, RJ.

Stewart, Ian, 1945-
S871m Mania de matemática – 2: novos enigmas e desafios matemáticos / Ian Stewart;
v.2 tradução, Diego Alfaro; revisão técnica, Samuel Jurkiewicz. — Rio de Janeiro: Zahar, 2009.
il.

Tradução de: How to cut a cake: and other mathematical conundrums
Inclui índice
ISBN 978-85-378-0117-8

1. Matemática – Estudo e ensino (Superior) – Programas de atividades. 2. Matemática recreativa. I. Título.

08-4588 CDD: 510
CDU: 51

Sumário

Prefácio

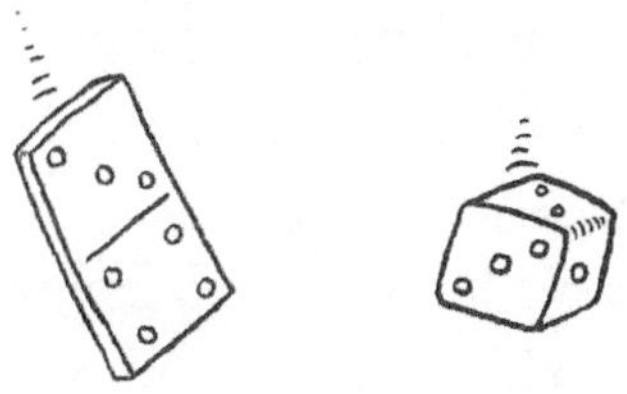

Às vezes, quando estou particularmente relaxado e minha cabeça começa a vagar, pergunto-me como seria o mundo se todos gostassem tanto de matemática quanto eu. As manchetes dos telejornais trariam notícias sobre os últimos teoremas em topologia algébrica em vez de apresentarem escândalos políticos baratos; os adolescentes baixariam "O melhor dos teoremas" para seus iPods; e os cantores de calipso (aquele velho ritmo caribenho, lembram dele?) tocariam suas guitarras ao som de "Lema três"... O que me faz lembrar que o cantor folk Stan Kelly (agora chamado Stan Kelly-Bootle, pode procurá-lo no Google) chegou de fato a escrever uma música chamada "Lemma Three" nos idos anos 1960, enquanto estudava para o mestrado de matemática na Universidade de Warwick. Ela começava assim:

> Lemma three, very pretty, and the converse pretty too
> But only God and Fermat know which one of them is true.*

De qualquer forma, sempre encarei a matemática como uma fonte de inspiração e prazer. Estou ciente de que, para a maioria das pessoas, ela inspira apenas terror, e não entretenimento, mas não consigo partilhar dessa opinião. Racionalmente entendo alguns dos motivos para o medo generalizado da matemática: não há nada pior que uma matéria

---

* Lema três, muito belo, e também sua recíproca /Mas só Deus e Fermat sabem qual dos dois é verdadeiro. (N.T.)

que exige rigor e precisão absolutos quando estamos tentando nos livrar de um problema com um punhado de frases de efeito e uma grande dose de insolência. Porém, emocionalmente, tenho muita dificuldade em entender por que as pessoas não se sentem intrigadas e fascinadas por uma disciplina tão essencial para o mundo que habitamos — com uma história tão longa e cativante, repleta das mais brilhantes ideias já concebidas pela humanidade.

Por outro lado, os observadores de aves também têm dificuldades em entender por que o resto do mundo não compartilha de sua paixão por ticar listas de aves. "Minha nossa, essa não é a plumagem de acasalamento do bocó-de-bico-amarelo? O último exemplar dessa ave já registrado na Grã-Bretanha foi avistado na ilha de Skye, em 1843, e estava parcialmente escondido atrás de um — ah, não, é só um estorninho com a cauda suja de barro." Sem ofensas — eu coleciono pedras. "Uau! Um granito de Assuã legítimo!" Minha casa está ficando cheia de pedacinhos do planeta.

O fato de que a maior parte das pessoas pense em aritmética corriqueira ao ouvir a palavra "matemática" também não ajuda. A aritmética é divertida, de um jeito meio nerd, se você for capaz de resolvê-la. Do contrário, torna-se horrível. Além do mais, é muito difícil nos divertirmos com alguma coisa — seja matemática ou observação de aves — se tivermos alguém do nosso lado com uma canetona vermelha na mão, esperando o momento em que cometeremos um pequeno deslize para avançar e rabiscar a página inteira. (Digo isso metaforicamente. No passado, a coisa era assim mesmo.) Afinal, quando estamos entre amigos, qual é a importância de uma ou duas casas decimais? Mas boa parte da graça da matemática parece ter sido extinta em algum ponto do abismo que separa o currículo escolar da compreensão que Joãozinho consegue ter dele. O que é uma pena.

Não estou dizendo que *Mania de matemática II* terá um efeito fenomenal sobre as habilidades matemáticas do público em geral, embora isso talvez possa ocorrer. (Que tipo de efeito... ah, isso já é outra questão.) Não tenho a intenção de converter ninguém com este livro — ele se dirige aos fãs, aos entusiastas, às pessoas que já *gostam* efetivamente de matemática e que ainda têm uma cabeça jovem o suficiente para conseguir extrair muito prazer de brincadeiras. O ar de frivolidade é reforçado pelos adoráveis desenhos de Spike Gerrell, que captam perfeitamente o espírito da discussão.

O propósito, porém, é inteiramente sério.

Na verdade, minha intenção era chamar o livro de *Armas de destruição matemática*, o que, na minha cabeça, transmitia exatamente esse equilíbrio entre seriedade e frivolidade, portanto eu talvez deva agradecer ao departamento de marketing por ter vetado esse nome. Também existe o risco de que, ao verem o desenho da capa, alguns de vocês pensem em comprar este livro para aprender alguma importante técnica culinária. Por isso faço a ressalva: este livro é sobre charadas e jogos de natureza matemática, e não sobre receitas de cozinha. O bolo, na verdade, é um espaço de Borel.

Muito bem disfarçado de... bolo. A matemática não nos ensina a cozinhá-lo, e sim a dividi-lo de maneira justa entre qualquer número de pessoas. E — o que é muito mais difícil — sem provocar inveja. A divisão de um bolo nos dá uma introdução simples às teorias matemáticas sobre o compartilhamento de recursos. Como na maior parte dos tópicos introdutórios em matemática, trata-se do que os profissionais costumam chamar de "*toy model*", uma simplificação drástica de alguma coisa existente no mundo real, mas que nos faz pensar em alguns problemas fundamentais. Por exemplo, o modelo em questão deixa evidente que é *mais fácil* dividir recursos entre diversos grupos concorrentes de um modo que todos considerem justo se esses grupos valorizarem os recursos de maneira diferente.

Assim como seus predecessores — *Game, Set and Math; Another Fine Math You've Got Me Into* e *Mania de matemática* (este também publicado pela Zahar) —, o livro se baseou numa série de colunas sobre jogos matemáticos que escrevi para a revista *Scientific American* e suas traduções para outros idiomas entre 1987 e 2001. Editei brevemente as colunas, corrigi todos os erros conhecidos e introduzi um número desconhecido de erros *novos*; além disso, inseri comentários de leitores, quando apropriados, na seção "Correio". Também repus parte do material que não apareceu nas versões para a revista por causa das limitações de espaço. Portanto este trabalho é uma espécie de "versão ampliada" dos originais. Os tópicos variam de gráficos a probabilidade, de lógica a superfícies mínimas, de topologia a quase cristais. E tratam da divisão de bolos, naturalmente. Foram escolhidos principalmente pela capacidade de entreter, e não por serem extremamente significativos; portanto, não vá pensar que o conteúdo representa com fidelidade a atividade realizada atualmente nas áreas de ponta do conhecimento.

No entanto, ele de fato *reflete* a atividade atual nas áreas de ponta do conhecimento. O tema polêmico sobre como cortar um bolo pertence a uma longa tradição matemática — data de pelo menos 3.500 anos, na Babilônia antiga — de propor questões sérias em ambientes frívolos. Portanto, quando você ler, como aqui, discussões sobre "por que o fio do telefone fica enroscado", o tópico não servirá apenas para organizar o ninho de rato que costuma ficar preso ao seu telefone. A boa matemática tem uma certa universalidade curiosa que faz com que as ideias derivadas de algum problema simples sirvam para esclarecer muitas outras. No mundo real, muitas coisas giram e se enroscam: fios de telefone, gavinhas de plantas, moléculas de DNA, cabos de comunicação subaquáticos. Estas quatro aplicações da matemática do enroscamento possuem diversas diferenças essenciais: seria bastante compreensível se você ficasse chateado ao ver que o técnico levou embora o fio do seu telefone e o trocou por um pedaço de trepadeira. No entanto, elas também se sobrepõem num sentido muito útil: o mesmo modelo matemático simples serve para esclarecer todas essas aplicações. Ele talvez não responda todas as dúvidas que você tenha, e pode ser que ignore importantes questões práticas, mas, depois de criado um modelo simples que permita a análise matemática, é possível desenvolver outros modelos, mais complexos e detalhados, sobre essa base.

Meu objetivo é misturar o pensamento abstrato ao mundo real para motivar diversas ideias matemáticas. A recompensa, para mim, não virá sob a forma de soluções práticas para problemas do mundo real. A principal recompensa será uma nova matemática. Não podemos desenvolver uma importante aplicação da matemática em poucas páginas, mas podemos, com suficiente imaginação, perceber de que maneira uma ideia matemática deduzida em um ambiente pode ser aplicada inesperadamente em outro. Neste livro, o melhor exemplo disso talvez seja a conexão entre "impérios" e circuitos eletrônicos. Nesse caso, um enigma estranho e artificial sobre como colorir mapas de territórios na Terra e na Lua (Capítulo 9) tem efeitos práticos sobre o teste de circuitos eletrônicos em busca de falhas (Capítulo 10), um trabalho de grande importância. A questão é que os matemáticos se depararam inicialmente com a ideia num contexto frívolo (embora não *tão* frívolo quanto a versão apresentada aqui), e só então perceberam que ela tinha aplicações sérias.

A coisa pode funcionar ao contrário. O Capítulo 15 inspirou-se no incrível comportamento de algumas espécies asiáticas de vaga-lumes, cujos machos piscam de modo sincronizado — provavelmente para melhorar a capacidade coletiva do enxame de atrair fêmeas, ainda que isso não melhore suas capacidades individuais. Como ocorre essa sincronização? Nesse caso, o problema sério surgiu em primeiro lugar, a matemática abordou o problema e gerou ao menos uma solução parcial, e só depois ficou claro que a mesma matemática poderia ser usada para resolver muitas outras questões sobre sincronização. Minha abordagem transforma tudo num jogo de tabuleiro sobre o qual você poderá jogar. Com um porém: algumas questões desse jogo, que aparentam uma falsa simplicidade, ainda não foram resolvidas. De certa forma, compreendemos melhor a aplicação real que o modelo simplificado.

Com poucas exceções, cada capítulo é independente dos demais. Você pode começar por onde quiser e, se ficar encalhado por algum motivo, pode abandonar esse capítulo e pular para outro. Este livro lhe dará — eu asseguro — melhor compreensão da amplitude da disciplina chamada matemática, da profundidade que atinge (muito maior que a ensinada na escola), de sua gama de aplicações incrivelmente ampla e das surpreendentes conexões que ligam esta ciência, formando um todo unificado e terrivelmente poderoso. Tudo isso apenas resolvendo enigmas e jogos.

E, o que é mais importante, exercitando sua cabeça.

Nunca subestime o poder das brincadeiras.

– 1 –
A sua metade é maior que a minha!

Se duas pessoas quiserem dividir um bolo sem brigar, a melhor solução é o velho método "eu corto, você escolhe". O problema se torna surpreendentemente complicado quando há mais de duas pessoas em jogo; quanto mais participantes houver, mais complicado se torna. A menos que você use uma faca móvel para cortar lentamente o mal pela raiz... e também o bolo.

Um homenzarrão e um homenzinho estavam sentados no vagão-restaurante de um trem e pediram um prato de peixe. Quando o garçom trouxe a comida, havia um peixão e um peixinho. O homenzarrão, servido em primeiro lugar, apanhou rapidamente o peixão; o homenzinho se queixou, dizendo que aquilo era extremamente mal-educado.

— E o que *você* teria feito se pudesse escolher primeiro? — perguntou o homenzarrão, um tanto irritado.

— Eu teria sido educado e pegaria o peixinho — disse o homenzinho, presunçoso.

— Pois bem, foi exatamente o que você ganhou! — retrucou o outro.

Como ilustra essa velha piada, as pessoas valorizam as coisas de maneira diferente conforme a circunstância, e certos tipos são muito difíceis de agradar. Nos últimos 50 anos, os matemáticos têm se esforçado por entender os problemas que envolvem uma divisão justa — em geral formulados usando um bolo, e não peixes —, e hoje já temos uma teoria extensa e surpreendentemente profunda sobre o assunto. O fascinante livro de Jack Robertson e William Webb, *Cake Cutting Algorithms* (maiores detalhes nas "Sugestões de leitura"), analisa esse tema por inteiro. Neste e no Capítulo 14, daremos uma olhada em algumas das ideias que surgiram a partir da tentativa aparentemente simples de dividir um bolo de modo que todos fiquem satisfeitos com o pedaço que receberam.

O caso mais simples envolve apenas dois participantes que — reiterando — desejam dividir um bolo de modo que cada um deles sinta que a divisão foi justa. "Justa" significa "mais da metade, segundo *minha* avaliação", e as pessoas podem discordar do valor de cada pedaço de bolo. Por exemplo, Alice pode gostar das cerejas, enquanto Bruno prefere a cobertura. Uma das concepções mais curiosas surgidas a partir da teoria da divisão de um bolo é a de que é mais *fácil* dividir o bolo quando os participantes discordam quanto ao valor de cada parte. Nosso exemplo nos permite perceber a lógica disso, pois podemos dar a cobertura a Bruno e as cerejas a Alice, e os dois ficarão bastante satisfeitos. Se os dois quisessem a cobertura, o problema seria mais difícil.

Não chega a ser terrivelmente difícil quando temos apenas dois participantes. Há registros da solução "Alice corta, Bruno escolhe" datados de 2.800 anos atrás! Os dois participantes consideram que essa solução é justa, no sentido de que nenhum dos dois tem o direito de reclamar do resultado final. Se Alice não gostar do pedaço deixado por Bruno, a culpa foi dela, por não ter sido mais cuidadosa ao cortar o bolo, deixando partes iguais (conforme a avaliação dela). Se Bruno não gostar do seu pedaço, é porque fez a escolha errada.

O tema começou a ficar mais interessante quando as pessoas se puseram a observar o que ocorre quando temos três participantes. Fulano, Beltrano e Sicrano querem dividir um bolo de modo que, na avaliação de cada um, todos acreditem ter recebido ao menos um terço. Em todas essas questões, por sinal, presume-se que o bolo seja infinitamente divisível, ainda que boa parte da teoria ainda funcione caso o bolo tenha "átomos" — pontos isolados aos quais ao menos um dos participantes atribua um valor diferente de zero. Porém, para simplificar, vamos presumir que não há átomos. Robertson e Webb abordam esta variante analisando uma resposta plausível, ainda que incorreta, da seguinte maneira:

PASSO 1: Fulano corta o bolo em dois pedaços, *X* e *W*, tentando fazer com que *X* tenha 1/3 do tamanho e *W* tenha 2/3.

PASSO 2: Beltrano corta *W* em dois pedaços, *Y* e *Z*, tentando fazer com que cada pedaço tenha 1/2 de *W*.

PASSO 3: Sicrano escolhe o pedaço que preferir, *X*, *Y* ou *Z*. A seguir, Fulano escolhe um dos dois pedaços restantes. Beltrano fica com o último pedaço.

Este algoritmo é justo?

É evidente que Sicrano ficará satisfeito, pois é o primeiro a escolher. Fulano também ficará satisfeito, por motivos ligeiramente mais complexos. Se Sicrano escolher *X*, então Fulano pode escolher o pedaço que considerar mais valioso entre *Y* e *Z* (ou qualquer um dos dois, caso lhe pareçam iguais). Como ele acha que os dois valem 2/3 do total, deve julgar que ao menos um dos dois vale 1/3. Por outro lado, se Sicrano escolher *Y* ou *Z*, Fulano pode escolher *X*.

No entanto, Beltrano pode não ficar tão contente com o resultado. Se ele discordar de Fulano com relação ao primeiro corte, poderá achar que *W* vale menos de 2/3 — assim, o único pedaço que o satisfará é *X*. Mas digamos que Sicrano escolha *Y* e Fulano escolha *X*; neste caso, só resta a Beltrano escolher *Z*, que ele não quer.

Portanto, o algoritmo acima não é justo. A primeira solução correta para o problema da divisão justa entre três pessoas foi apresentada em 1944 por Hugo Steinhaus, que participava de um grupo de matemáticos poloneses que se reunia regularmente num café em Lvov. Segundo o método de Steinhaus, alguns dos participantes devem "aparar" pedaços do bolo:

PASSO 1: Fulano corta o bolo em dois pedaços, *X* e *W*, tentando fazer com que *X* tenha 1/3 do tamanho e *W* tenha 2/3.

PASSO 2: Ele passa *X* a Beltrano e lhe pede que o apare até que tenha 1/3 do tamanho, caso acredite que o pedaço é maior que isso; caso contrário, Beltrano não deverá mexer no pedaço de bolo. Chamemos o pedaço resultante de X^*: este pedaço é menor ou igual a *X*.

PASSO 3: Beltrano passa X^* a Sicrano, que decide se quer ficar com ele ou não.

PASSO 4: (a) Se Sicrano aceitar X^*, então Fulano e Beltrano empilham o resto do bolo — *W* mais quaisquer pedaços retirados de *X* — e o tratam como um único bolo (bagunçado), brincando de "eu corto, você escolhe" para dividi-lo; (b) se Sicrano não aceitar X^* e Beltrano tiver aparado *X*, então Beltrano fica com X^* e Fulano e Sicrano brincam de "eu corto, você escolhe" com o resto; (c) se Sicrano não aceitar X^* *e* Beltrano não tiver aparado *X*, então Fulano fica com *X* e Beltrano e Sicrano brincam de "eu corto, você escolhe" com o resto.

Essa é uma das respostas possíveis — vou deixar que você verifique sozinho a lógica. Basicamente, qualquer participante que não esteja satisfeito com o que recebeu deve ter feito, numa etapa anterior, uma escolha errada ou um corte ruim, e nesse caso a culpa é toda dele.

Em 1961, Leonard Dubins e Edwin Spanier propuseram uma solução um tanto diferente, que utiliza uma faca em movimento. Coloque o bolo numa mesa e comece a cortá-lo lentamente com uma faca, principiando pela extremidade esquerda. A qualquer instante dado, seja *E* a parte do bolo que ficou à esquerda da faca. Fulano, Beltrano ou Sicrano devem gritar "Pare!" no momento em que acharem que o valor de *E*, em sua opinião, chegou a 1/3 do bolo. O primeiro que gritar fica com *E*, e os outros dois dividem o resto pelo método do "eu corto, você escolhe", ou então movendo a faca novamente e gritando assim que o valor percebido chegar a 1/2. (O que deveriam fazer se dois participantes gritarem simultaneamente? Pense nisso.)

A grande vantagem desse método é o fato de ser facilmente extensível a *n* participantes. Vá cortando o bolo com a faca e diga a todos que gritem no momento em que *E* atingir 1/*n*, na opinião de cada um. A primeira pessoa a gritar fica com *E*, e os restantes *n* – 1 participantes repetem o processo com o resto do bolo, só que, naturalmente, agora deverão gritar quando o valor percebido chegar a 1/(*n* – 1)... e assim por diante.

Esses algoritmos com facas em movimento nunca me deixaram muito satisfeito — provavelmente por causa do lapso de tempo envolvido nas reações dos participantes. A melhor maneira de resolvermos essa pendenga talvez seja movermos a faca devagar. *Muito* devagar. Ou, o que seria equivalente, presumirmos que todos os participantes têm reações super-rápidas.

Vamos chamar o primeiro tipo de solução de algoritmo de "faca fixa" e o segundo de algoritmo de "faca móvel". Existe um algoritmo de faca fixa para o problema da divisão entre três pessoas que também se estende facilmente a *n* participantes. Fulano está sentado, sozinho, olhando para o "seu" bolo, quando Beltrano aparece e pede um pedaço. Assim, Fulano corta o bolo tentando formar duas metades idênticas, e Beltrano escolhe uma delas. Antes que cheguem a comê-las, Sicrano aparece e também pede um pedaço de tamanho justo. Fulano e Beltrano cortam, independentemente, seus pedaços em três partes, tentando fazer com que tenham valores iguais. Sicrano escolhe um dos pedaços de Fulano e um dos de Beltrano. Não é difícil perceber por que esse algoritmo em "pares sucessivos" resolve o problema, e a extensão para qualquer número de pessoas é relativamente direta. O método de aparar também pode ser ampliado para *n* pessoas, oferecendo-se a todas elas a chance de aparar algum dos pedaços se estiverem dispostas a ficar com o pedaço resultante, e obrigando-as a ficar com ele se ninguém mais o quiser.

Quando o número de pessoas é grande, o algoritmo dos pares sucessivos requer um número enorme de cortes. Qual método exige a menor quantidade de cortes? O método da faca móvel utiliza *n* – 1 cortes para definir *n* pedaços, e esse é o menor número de cortes possível. Mas os métodos de faca fixa não sucumbem assim tão fácil. Com *n* pessoas, uma generalização do algoritmo do método de "aparar" o bolo utiliza $(n^2 - n)/2$ cortes. O algoritmo dos pares sucessivos utiliza $n! - 1$, onde $n! = n(n - 1)(n - 2)\ldots3.2.1$ é o *fatorial* de n. Esse número é maior que o utilizado no algoritmo do método de "aparar" (a não ser quando $n = 2$).

No entanto, o método de aparar não é o melhor. O algoritmo chamado "dividir para conquistar" é mais eficiente, e funciona mais ou menos assim: tente dividir um bolo usando um corte de modo que aproximadamente a metade das pessoas fique satisfeita se receber uma parte justa de um dos pedaços, e o resto fique satisfeito em receber um pedaço justo do outro pedaço. Repita então a mesma ideia nos dois pedaços separados. O número de cortes necessários nesse método é de aproximadamente $n \log_2 n$. A fórmula exata é $nk - 2^k + 1$, onde k é o único inteiro tal que $2^{k-1} < n < 2^k$. Conjectura-se que é impossível reduzir ainda mais o número de cortes.

Essas ideias poderiam, por fim, ir além da mera recreação. Existem muitas situações na vida real nas quais é importante dividirmos os recursos de uma maneira que pareça justa para todos os participantes. Alguns exemplos são as negociações sobre territórios e os interesses comerciais. Em princípio, o tipo de método que resolve o problema da divisão do bolo pode ser aplicado a essas situações. De fato, quando a Alemanha foi dividida entre os Aliados (Estados Unidos, Reino Unido e França) e a Rússia por motivos administrativos, a primeira tentativa gerou um resto (Berlim), que precisou então ser dividido numa etapa separada — portanto, os negociadores aplicaram métodos semelhantes intuitivamente. Uma situação bastante parecida está causando problemas nas relações entre Israel e Palestina, onde Jerusalém é o principal "resto", e a Cisjordânia é outra fonte de discussões. Poderíamos utilizar a matemática da divisão justa para auxiliar nas negociações? Seria interessante imaginarmos como seria vivermos num mundo racional a ponto de permitir essa abordagem, mas a política raramente funciona assim. Especialmente porque os valores que as pessoas atribuem às coisas tendem a mudar *depois* que elas conseguem esboçar os primeiros acordos, e, nesse caso, os métodos que acabamos de discutir não funcionam.

Ainda assim, valeria a pena dar uma chance aos métodos racionais.

CORREIO

Recebi muita correspondência sobre os algoritmos para a divisão de um bolo, e as cartas variavam de simplificações dos métodos aqui discutidos a consideráveis trabalhos de pesquisa originais. Alguns leitores tentaram dispersar a minha vaga inquietação sobre os algoritmos de "faca móvel". A minha preocupação era com o elemento do tempo de reação dos participantes. A sugestão para evitarmos esse problema — um pouco refinada após algumas idas e vindas da correspondência — foi a de que, em vez de utilizarem a faca em movimento, os participantes deveriam fazer marcas no bolo (ou num modelo em escala). Em primeiro lugar, escolhemos uma direção (digamos, norte-sul) e pedimos aos *n* participantes que façam marcas no bolo, um de cada vez, traçando uma linha norte-sul no ponto mais a oeste em que estariam dispostos a aceitar o pedaço de bolo a oeste da marca. (Isto é, no local em que estimam que o valor do pedaço à esquerda é igual a $1/n$.) Quem fizer a marca mais a oeste fica com esse pedaço e sai do jogo. E o processo continua, utilizando a mesma regra geral. A ordem dos cortes na direção oeste-leste substitui o momento da interrupção da faca, e a mesma ideia pode ser usada para todos os métodos de faca móvel.

Aparentemente, as minhas reservas quanto aos algoritmos de faca móvel não se justificavam. Mas, logo depois, Steven Brams, da Universidade de Nova York, um especialista nessas questões, escreveu para observar que minhas preocupações originais não deveriam ser desconsideradas tão facilmente. Brams, Alan D. Taylor e William S. Zwicker analisaram esquemas de faca móvel em dois artigos citados nas "Sugestões de leitura". O segundo desses artigos expõe um procedimento de faca móvel que permite alocar pedaços entre quatro participantes sem que nenhum deles sinta inveja dos demais, e que requer no máximo 11 cortes.

No entanto, não se conhece nenhum procedimento particular com um número determinado *máximo* de cortes (por maior que seja) para uma divisão entre quatro pessoas, e é provável que tais esquemas não existam. Sabe-se com certeza que o esquema proposto pelos autores não pode ser transformado num procedimento particular pelo uso de "marcas" no bolo. Portanto, a redução dos esquemas de faca móvel ao uso de "marcas" funciona em alguns casos — mas não em todos.

– 2 –
Revogando a lei das médias

Segundo uma crença popular que poderíamos chamar de "lei das médias", os eventos aleatórios deveriam se igualar a longo prazo. Portanto, será que deveríamos apostar nos números da loteria que *não* foram sorteados com tanta frequência quanto os demais? A teoria da probabilidade responde com um sonoro "não". Ainda assim, num certo sentido, os eventos aleatórios realmente se igualam a longo prazo. Só que isso não vai nos ajudar a ganhar na loteria.

Suponha que eu fique jogando repetidamente uma moeda não viciada — na qual as chances de que saia "cara" ou "coroa" sejam iguais, com uma probabilidade de 1/2 para cada face — e mantenha uma contagem de quantas vezes surgiu cada resultado. Como devo esperar que esses números se comportem? Por exemplo, se em algum momento as caras estiverem bem na frente das coroas — digamos que eu tenha lançado 100 caras a mais que coroas —, existe alguma tendência para que as coroas "alcancem" as caras em lançamentos futuros?

As pessoas frequentemente acreditam na existência de uma espécie de "lei das médias", baseadas na sensação intuitiva de que os lançamentos de uma moeda não viciada deveriam se igualar no final. Algumas pessoas chegam a acreditar que a probabilidade de que saiam coroas aumenta numa circunstância como essa — em outras palavras, a "chance" de que saiam coroas aumenta. Outras afirmam que as moedas não têm memória — portanto, as probabilidades de que saiam caras ou coroas se mantêm sempre iguais a 1/2 — e deduzem que não existe qualquer tendência para que os números se igualem.

Qual das duas visões está correta?

As mesmas questões surgem em muitas circunstâncias diferentes. Os jornais publicam tabelas que mostram com que frequência foram sorteados certos números nas loterias. Essas tabelas deveriam influenciar as nossas escolhas? Se grandes terremotos acontecem numa região em média a cada 50 anos, e não ocorreu nenhum nos últimos 60, será que ele "passou do prazo"? Se desastres de avião ocorrem em média a cada quatro meses, e já se passaram três meses sem que nenhum aconteça, deveríamos esperar um desastre em breve?

Em todos esses casos, a resposta é "não" — embora eu aceite discutir o caso dos terremotos, pois a ausência de um grande tremor muitas vezes pode significar que tem havido um grande acúmulo de pressão ao longo de uma falha geológica. Os processos aleatórios envolvidos — ou, mais precisamente, os modelos matemáticos desses processos — não possuem "memória".

Isso, no entanto, não encerra a questão. Tudo depende do que você quer dizer com "alcançar". Uma longa sequência de caras não afeta a *probabilidade* de que saia uma coroa a seguir, mas, ainda assim, num certo sentido, os lançamentos da moeda tendem a se igualar a longo prazo. Após uma sequência de, digamos, 100 caras a mais que coroas, a probabilidade de que *em algum momento* os números se igualem novamente é de 1. Normalmente, uma probabilidade de 1 significa "certeza", e uma probabilidade de 0 significa "impossibilidade"; mas nesse caso estamos trabalhando com uma lista potencialmente infinita de lançamentos, portanto os matemáticos preferem dizer que um evento é "quase certo" ou "quase impossível". Mas, por motivos práticos, você pode esquecer o "quase".

A mesma afirmação se aplica a qualquer outro desequilíbrio inicial. Mesmo que as caras estejam ganhando por um quatrilhão de lançamentos, temos "quase certeza" de que as coroas as alcançarão se continuarmos a lançar a moeda por um número suficiente de vezes. Se você teme que isso talvez entre em conflito com a ideia de que as moedas "não têm memória", devo me apressar em dizer que, num certo sentido, também podemos dizer que as faces da moeda *não* têm uma tendência a se igualar a longo prazo! Por exemplo, após uma sequência de 100 caras a mais que coroas, a probabilidade de que o número cumulativo de caras, em algum momento, esteja um milhão de lançamentos à frente do de coroas também é igual a 1.

Para que possamos ver o quanto essas questões são contraintuitivas, suponha que em vez de jogar uma moeda eu jogue um dado. Conte quantas vezes aparece cada face, de 1 a 6. Presuma que todas as faces têm a mesma probabilidade de aparecer, igual a 1/6. No início, os números cumulativos de ocorrências de cada face são idênticos — todos iguais a zero. Após algumas jogadas, esses números tipicamente começam a diferir. De fato, são necessários ao menos seis lançamentos até que exista alguma chance de se igualarem, com uma ocorrência de cada face. Qual é a probabilidade de que, por mais vezes que eu jogue o dado, os seis números se igualem novamente *em algum momento*? Ao contrário das caras e coroas de uma moeda, essa probabilidade *não* é igual a 1. Na verdade, é menor que 0,35; para conhecer o valor exato, veja a seção de "Correspondência" no final do capítulo. Utilizando alguns teoremas básicos da probabilidade, posso provar facilmente que essa chance não é igual a 1.

Por que o dado não se comporta como a moeda? Antes de responder a essa pergunta, temos de observar melhor os lançamentos da moeda. Um único lançamento de uma moeda é chamado de um "ensaio", e estamos interessados em toda uma série de ensaios, que poderá se estender para sempre. Eu joguei uma moeda 20 vezes, obtendo o resultado CCCCKCKKKKKKCCCKCCCK (C = Coroa, K = Cara). Temos aqui 11 Cs e 9 Ks. Isso parece razoável?

A resposta para perguntas como essa é dada por um teorema da probabilidade chamado de lei dos grandes números. Ele afirma que as frequências de ocorrência dos eventos devem, a longo prazo, se tornar bastante próximas às suas probabilidades. Como a probabilidade de que obtenhamos K numa moeda não viciada é de 1/2 — pela própria definição de "não viciada" —, a lei dos grandes números nos diz que, "a longo prazo", aproximadamente 50% de todos os lançamentos serão caras. O mesmo vale para C.

Da mesma forma, num dado não viciado, "a longo prazo", cerca de 16,7% (um sexto) de todas as jogadas gerarão um certo resultado: 1, 2, 3, 4, 5 ou 6. E assim por diante.

Na minha sequência de 20 jogadas, as frequências foram de 11/20 = 0,55 e 9/20 = 0,45, o que é próximo de 0,5, mas não igual. Você pode achar que a minha sequência não parece *suficientemente* aleatória. Imagino que você provavelmente ficasse mais contente com algo do tipo KCKKCCKCCKCKKCKCKKCC, com frequências de 10/20 = 0,5 para K e 10/20 = 0,5 para C. Além de acertar em cheio nos números, esta sequência parece mais aleatória. Mas não é.

O que faz com que a primeira sequência pareça não aleatória é a existência de grandes repetições do mesmo evento, como CCCC e KKKKKK. A segunda sequência não possui essas repetições, portanto achamos que parece mais aleatória. Mas a nossa intuição sobre a aparência da aleatoriedade nos engana: as sequências aleatórias *devem* conter repetições! Por exemplo, em blocos sucessivos de quatro eventos, como estes:

C C C C K C K K K K K K C C C K C C C K
C C C C
C C C K
C C K C
C K C K

e assim por diante. A sequência CCCC deve ocorrer cerca de uma vez a cada 16. Já vou explicar o porquê disso, mas antes vamos acompanhar as sequências. Na minha primeira sequência acima, CCCC surgiu uma vez em cada 17 — quase em cheio! Tudo bem, KKKKKK deveria ocorrer apenas uma vez a cada 64, em média, e ocorreu uma vez em apenas 15 blocos de comprimento 6 na minha sequência — mas eu não joguei a moeda um número suficiente de vezes para saber se ela surgiria de novo mais adiante. *Alguma coisa* precisa surgir, e KKKKKK é tão provável quanto KCKCKC ou KKCKCC.

As sequências aleatórias frequentemente apresentam padrões e conglomerados ocasionais. Não se surpreenda com eles: *não* são sinais de que o processo é não aleatório... a menos que a moeda caia em KKKKKKKKKKKK... por um longo tempo — nesse caso, o mais razoável é pensarmos que a moeda tem duas caras.

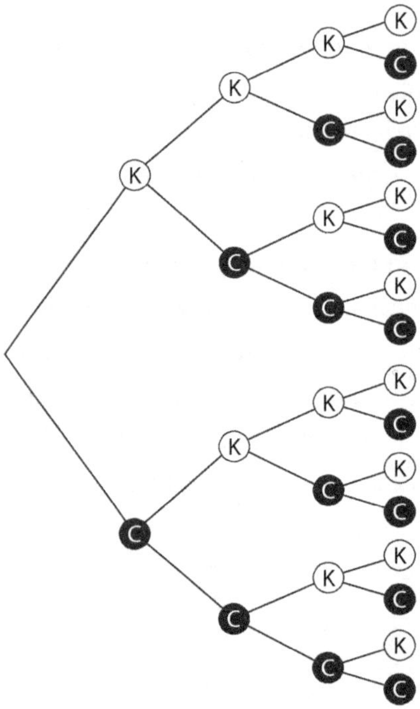

Figura 2.1
Todas as possibilidades ao se jogar quatro vezes uma moeda.

Suponha que você jogue quatro moedas não viciadas em sequência. O que pode acontecer? A Figura 2.1 resume os resultados possíveis. A primeira jogada será K ou C (cada uma com probabilidade igual a 1/2). Independentemente do que acontecer, a segunda jogada também será K ou C (cada uma com probabilidade igual a 1/2). Independentemente do que acontecer, a terceira jogada também será K ou C (cada uma com probabilidade igual a 1/2). E, independentemente do que acontecer, a quarta jogada também será K ou C (cada uma com probabilidade igual a 1/2). Assim, obtemos uma "árvore" com 16 caminhos possíveis. Segundo a teoria da probabilidade, cada caminho tem probabilidade de 1/2 × 1/2 × 1/2 × 1/2 = 1/16. Isso é bastante plausível, pois existem 16 caminhos, e todos devem ter a mesma probabilidade de ocorrer.

Observe que CCCC tem probabilidade de 1/16, e (digamos) KCKK *também* tem uma probabilidade de 1/16. Ainda que a sequência KCKK pareça "mais aleatória" que CCCC, ambas têm a mesma probabilidade. O *processo* de se jogar uma moeda é aleatório, mas isso não implica que os resultados devam sempre parecer irregulares. Geralmente parecem — mas isso ocorre porque a maior parte das sequências de Ks e Cs não tem um padrão muito definido, e não porque os padrões sejam proibidos.

Se você jogar uma moeda quatro vezes, em média irá obter exatamente duas caras. Isso significa que há uma grande probabilidade de que caiam duas caras e duas coroas? Não. A Figura 2.1 nos mostra que existem 16 sequências diferentes de Ks e Cs, e exatamente seis delas contêm duas caras: KKCC, KCKC, KCCK, CKKC, CKCK, CCKK. Portanto, a probabilidade de que caiam exatamente duas caras é de 6/16 = 0,375. Esse valor é *menor* que a probabilidade de que *não* caiam exatamente duas caras, que é de 0,624. Em sequências maiores, o efeito se torna ainda mais extremo.

Cálculos e experimentos desse tipo deixam claro que *não* existe algo como uma "lei das médias" — quero dizer com isso que as probabilidades futuras de eventos independentes *não* são alteradas de nenhuma maneira pelo que aconteceu no passado.

No entanto, existe um sentido interessante segundo o qual caras e coroas *realmente* tendem a se equilibrar a longo prazo — apesar do que acabei de dizer. Tudo depende do significado da expressão "se equilibrar". Se com isso você quer dizer que os números irão terminar *iguais*, está indo pelo caminho errado. Mas se quer dizer que a *razão* entre os números acabará por se tornar muito próxima de um, está perfeitamente correto.

Para entender este conceito, imagine que façamos um gráfico do excesso de Ks em relação a Cs, ilustrando a *diferença* entre o número de ocorrências de cada face da moeda. Podemos pensar nesse gráfico como uma curva que sobe um degrau para cada K e desce um degrau para cada C, de modo que a minha sequência CCCCKCKKKKKCCCKCCCK gere o gráfico da Figura 2.2.

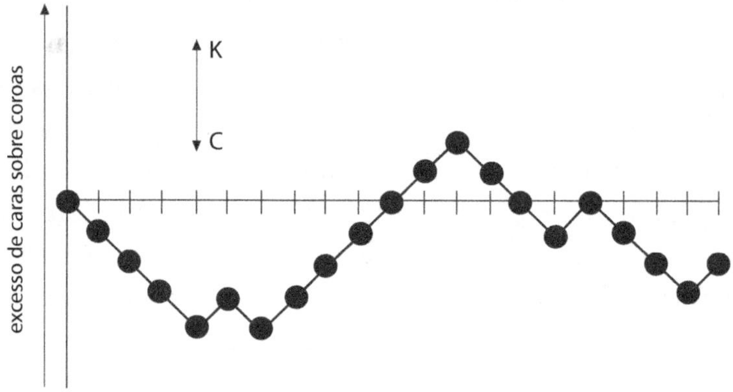

Figura 2.2
Caminho aleatório representando o excesso de caras sobre coroas.

Isso estabelece o princípio, mas a imagem ainda poderá nos fazer pensar que os números se igualam com bastante frequência. A Figura 2.3 mostra um caminho aleatório correspondente a 100.000 lançamentos de uma moeda não viciada, que calculei num computador. Aqui, as caras passam um tempo estarrecedoramente grande na liderança. O caminho começa na posição 0 e no tempo 0, movendo-se então no sentido +1 ("cara") ou –1 ("coroa") com igual probabilidade a cada etapa subsequente. Observe que parece haver um evidente "desvio" em direção aos valores positivos a partir da jogada de número 40.000.

Entretanto, esse desvio não indica que exista algo de errado com o gerador de números aleatórios do computador, de modo que a chance de que caiam caras seja maior do que a de que caiam coroas. Esse tipo de comportamento desequilibrado é perfeitamente normal. Na verdade, comportamentos muito *piores* são perfeitamente normais.

Por quê? De fato, calhou de este caminho em particular alcançar a posição 300 (isto é, com as caras liderando por 300 lançamentos) após cerca de 20.000 lançamentos da moeda. Exatamente pelo fato de que as moedas não possuem memória, a partir dessa etapa o excesso "médio" de caras fica ao redor de 300 — na verdade, depois disso o caminho passa mais tempo abaixo de 300 que acima, com uma predominância de coroas da jogada 20.000 até aproximadamente 80.000, quando então as caras retomam a liderança das jogadas 80.000 a 100.000.

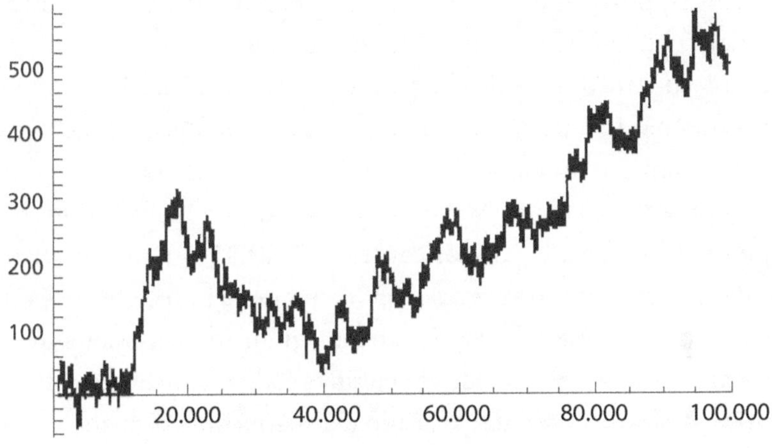

Figura 2.3
Caminho aleatório típico para 100.000 lances de moeda.

Ainda assim, podemos estar certos, com probabilidade 1 (quase certeza), de que *no fim das contas* o caminho retornará à posição 0 (número igual de caras e coroas). Porém, como o caminho atingiu a posição 500 depois de aproximadamente 100.000 lançamentos, o tempo que levará para retornar à posição 0 provavelmente será mesmo muito longo. Na verdade, quando este caminho computadorizado em particular foi estendido a 500.000 lançamentos, a posição acabou ainda mais longe do 0.

Observe o conglomerado de retornos ao 0 até a jogada 10.000. Mais precisamente, este caminho voltou ao 0 nas jogadas 3, 445, 525, 543, 547, 549, 553, 621, 623, 631, 633, 641, 685, 687, 1985, 1989, 1995, 2003, 2005, 2007, 2009, 2011, 2017, 2027, 2037, 2039, 2041, 2043, 2059, 2065, 2103, 3151, 3155, 3157, 3161, 3185, 3187, 3189, 3321, 3323, 3327, 3329,

3347, 3351, 3359, 3399, 3403, 3409, 3415, 3417, 3419, 3421, 3425, 4197, 4199, 4203, 5049, 5051, 5085, 5089, 6375, 6377, 6381, 6383, 6385, 6387, 6389, 6405, 6465, 6479, 6483, 6485, 6487, 6489, 6495, 6499, 6501, 6511, 6513, 6525, 6527, 6625, 6637, 6639, 6687, 7095, 7099, 7101, 7103, 7113, 7115, 7117, 7127, 8363, 8365, 8373, 8381, 8535, 9653, 9655, 9657, 9669, 9671, 9675, 9677, 9681, 9689, 9697, 9699, 9701, 9927, 9931, 9933... e nenhuma outra vez até a jogada 500.000. (Esses números são todos ímpares, porque as jogadas são alternadamente pares e ímpares, e na primeira jogada o valor é igual a zero.)

Aparentemente, depois de chegar a um excesso de 300 caras na jogada 20.000, a moeda de repente se "lembra" de que precisa igualar o número de coroas; assim, no lançamento 40.000 ela já retornou a um excesso de aproximadamente 30 caras. Mas por que ela não se lembrou disso antes? Ou depois? Por exemplo, no lançamento 70.000, quando o excesso de caras subiu novamente para cerca de 300, a moeda parece ter se esquecido completamente de que "deveria" cair em quantidades iguais de caras e coroas. Em vez disso, o excesso de caras cresce incansavelmente.

Há um "padrão" aparente: quando ela *realmente* volta ao 0, costumamos ver um conglomerado desses retornos. Por exemplo, ela retorna nas jogadas 543, 547, 549 e 553. Mais adiante, o retorno na jogada 9653 é novamente seguido por 9655, 9657, 9669, 9671, 9675, 9677, 9681, 9689, 9697, 9699 e 9701. Essa formação de conglomerados ocorre porque é mais provável que o caminho retorne ao 0 rapidamente se começar no 0. Na verdade, a probabilidade de que ele vá do 0 ao 0 em duas etapas é de 1/4.

Ainda assim, ele acabará por escapar para regiões muito distantes da linha numérica — tão distantes quanto você desejar, seja na região positiva ou na negativa. E, após fazê-lo, no fim das contas acabará por voltar ao 0. Mas, nestes casos, o "fim das contas" é completamente imprevisível, embora costume ser muito, muito longo.

Apesar disso, a teoria do caminho aleatório também nos diz que a probabilidade de que o equilíbrio *nunca* volte ao zero (isto é, de que as Ks se mantenham na liderança para *sempre*) é de 0. Somente nesse sentido a "lei das médias" é verdadeira — mas isso não traz qualquer implicação sobre as chances de ganharmos se apostarmos em K ou C. Além disso, não sabemos *quão* longo será o longo prazo — só o que sabemos é que provavelmente será de fato muito longo. Na verdade, o tempo médio necessário para que os números de caras e coroas se igualem é infinito! Portanto, a ideia de que os próximos lançamentos reagirão a um atual *excesso* de caras, gerando mais coroas, não faz sentido nenhum.

Contudo, as *proporções* entre caras e coroas tendem a se aproximar cada vez mais de 50%. Geralmente. Da seguinte maneira. Suponha que você jogou uma moeda 100 vezes e obteve 55 Ks e 45 Cs — um desequilíbrio de 10 a favor das Ks. Então, a teoria do caminho aleatório diz que, se você esperar por tempo suficiente, o equilíbrio se corrigirá (com probabilidade 1). Essa não é a "lei das médias"? Não. Não do modo como essa "lei" costuma ser interpretada. Se você escolher previamente um número de lançamentos — digamos, um milhão —, a teoria do caminho aleatório diz que esse milhão de lançamentos não será afetado pelo desequilíbrio. De fato, se você fizer uma quantidade enorme de experimentos com um milhão de jogadas, obterá, em média, 500.055 Ks e 500.045 Cs na sequência combinada de 1.000.100 jogadas. Em média, os desequilíbrios *persistem*. Observe, porém, que a *frequência* de Ks varia de 55/100 = 0,55 para 500055/1000100 = 0,500005. A proporção de caras se aproxima de 1/2, assim como a de coroas, embora a diferença entre esses números permaneça igual a 10. A "lei das médias" se afirma não por remover os desequilíbrios, e sim por soterrá-los.

No entanto, isso ainda não encerra a questão, pois o que eu disse até agora parece injusto com as pessoas que alegam que os números de caras e coroas deveriam por fim se igualar.

Segundo a teoria do caminho aleatório, se você esperar por tempo suficiente, os números *realmente* acabarão por se equilibrar. Se você parar nesse momento, poderá imaginar que a sua intuição sobre a "lei das médias" estava correta. Mas você está roubando: você parou quando conseguiu a resposta que procurava. A teoria do caminho aleatório também nos diz que, se você continuar jogando uma moeda por tempo suficiente, chegará a uma situação na qual há um milhão de Ks a mais que Cs. Se você parasse *aí*, teria uma percepção muito diferente! Um caminho aleatório se desvia de lado a lado. Ele não se lembra dos pontos onde já esteve, e, onde quer que tenha chegado, acabará por se afastar desse ponto tanto quanto você desejar. *Qualquer* grau de desequilíbrio acabará por acontecer — até mesmo nenhum!

Portanto, tudo depende do significado de "no fim das contas". Se especificarmos previamente um número de jogadas, não temos motivo algum para esperar que o número de caras seja igual ao de coroas após o número especificado de jogadas. Porém, se pudermos escolher o número de jogadas de acordo com o resultado que obtivermos, parando quando estivermos satisfeitos, então o número de caras e coroas, "no fim das contas", se igualará.

Mencionei anteriormente que a situação é um pouco diferente no caso dos dados. Para entendermos por que, precisamos generalizar o conceito do caminho aleatório para mais dimensões. O caminho aleatório mais simples num plano, por exemplo, ocorre nos vértices de uma grade quadriculada infinita. Um ponto se inicia na origem, movendo-se sucessivamente um passo ao norte, sul, leste ou oeste, com probabilidade de 1/4 para cada direção. A Figura 2.4 ilustra o caminho típico. Um caminho aleatório tridimensional, numa grade cúbica no espaço, é bastante semelhante, mas agora temos seis direções — norte, sul, leste, oeste, acima, abaixo —, todas com probabilidade igual a 1/6.

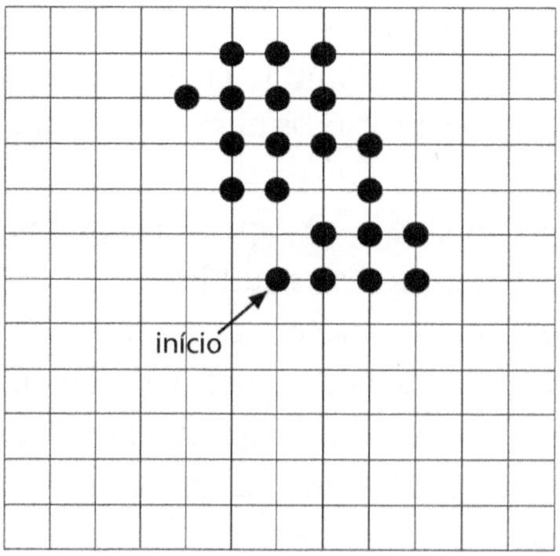

Figura 2.4
Caminho aleatório em duas dimensões.

Novamente podemos demonstrar que, no caminho aleatório bidimensional, a probabilidade de retorno à origem, *no fim das contas*, é igual a 1. O falecido Stanislaw Ulam (Laboratório Nacional de Los Alamos, EUA), mais conhecido por ser o coinventor da bomba de hidrogênio, provou que, em três dimensões, a situação é diferente. Agora, a probabilidade de que o caminho retorne à origem em algum momento é de 0,35. Portanto, se você se perder no deserto e vagar aleatoriamente, acabará, no fim das contas, por chegar ao oásis; mas se estiver perdido no espaço e vagar aleatoriamente, terá uma chance de apenas um terço, aproximadamente, de voltar ao seu planeta natal.

Podemos usar esse caminho aleatório para abordar o problema do dado. Suponha que denominemos as seis direções de um caminho aleatório tridimensional segundo os lados de um dado: norte = 1, sul = 2, leste = 3, oeste = 4, acima = 5, abaixo = 6. Jogue o dado repetidamente e caminhe pela grade na direção indicada pelo dado a cada jogada. Nesse experimento, o "retorno à origem" significa "o mesmo número de 1s que de 2s, e o mesmo número de 3s que de 4s, e o mesmo número de 5s que de 6s". A probabilidade de que isso acabe por ocorrer, portanto, é igual a 0,35. Desse modo, a condição mais estrita de que "todos os números ocorram com a mesma frequência" deve ter uma probabilidade menor que 0,35.

Até mesmo o mais simples caminho aleatório unidirecional tem muitas outras características contraintuitivas. Suponhamos que você escolha previamente um grande número de jogadas — digamos, um milhão — e observe se as caras ou coroas estão na liderança. Você esperaria que, em média, as caras se mantivessem na liderança durante que proporção do tempo? O palpite natural é 1/2. Na verdade, essa é a proporção menos provável. As proporções mais prováveis são as extremas: caras ficam na liderança o tempo todo, ou tempo nenhum! Para maiores informações, leia *An Introduction to Probability Theory and Its Applications*, de William Feller.

CORREIO

O livro de Feller afirma que, num caminho aleatório bidimensional numa grade quadriculada, a probabilidade de que acabemos por retornar à origem é igual a 1, mas numa grade cúbica tridimensional a probabilidade é menor que 1, ao redor de 0,35. Diversos leitores observaram que o número apresentado no livro de Feller não está inteiramente correto. David Kilbridge, de São Francisco, contou-me que, em 1930, o matemático inglês George N. Watson definiu o valor como

$$\frac{1}{\left[3\left(18+12\sqrt{2}-10\sqrt{3}-7\sqrt{6}\right)\left(K\left(2\sqrt{3}+\sqrt{6}-2\sqrt{2}-3\right)\right]^{2}}$$

onde $K(z)$ é $2/\pi$ vezes a integral elíptica completa do primeiro tipo com módulo igual a z^2.

Se você não sabe o que é isso, provavelmente não quer saber! Só para constar, as funções elípticas são uma grande generalização clássica de funções trigonométricas com o seno e cosseno, que estiveram muito em voga um século atrás e ainda são interessantes em diversos contextos. Porém, hoje raramente são estudadas nos cursos de graduação em matemática.

O valor numérico é de aproximadamente 0,34055729551, que se aproxima mais de 0,34 que do número fornecido por Feller, 0,35.

Kilbridge também calculou a resposta à minha pergunta sobre a probabilidade de os dados finalmente se igualarem: eles o fazem com probabilidade de aproximadamente 0,022. Para "dados" com 2, 3, 4 e 5 faces as probabilidades análogas são de 1, 1, 0,222 e 0,066.

Yuichi Tanaka, um dos editores da nossa tradução para o japonês, usou um computador para calcular a probabilidade de retorno à origem numa grade hipercúbica quadridimensional. Depois de trabalhar por três dias consecutivos, o programa emitiu o valor aproximado de 0,193201673. Existe uma fórmula como a de Watson? Temos algum especialista em funções elípticas por aí?

- 3 -
O laço através do espelho

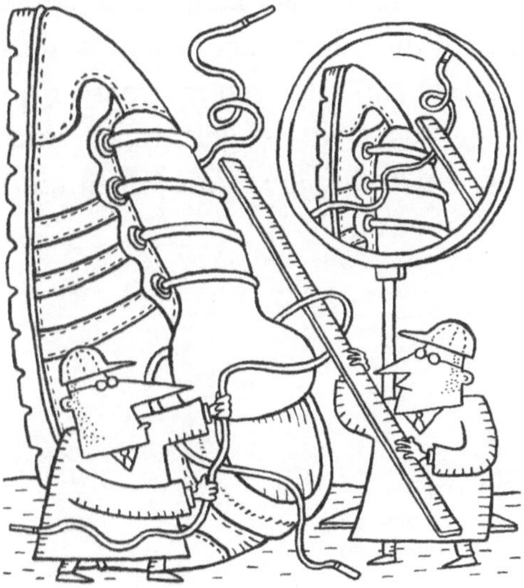

Qual método de colocar cadarços nos sapatos utiliza um cadarço menor? Um modelo simples leva a uma geometria admirável, dando-nos uma resposta definitiva... a não ser por várias considerações práticas, claro. Não só isso: tudo é feito com espelhos.

O que é a matemática? Uma proposta um tanto desesperada: "É aquilo que os matemáticos fazem." Da mesma forma, um matemático é "alguém que faz matemática", um belo exemplo de lógica circular que não chega a definir a disciplina nem seu praticante. Há alguns anos, num raro momento de revelação, tive o vislumbre de que um matemático é alguém que enxerga uma *oportunidade* de fazer matemática onde outros talvez não enxerguem — assim como um homem de negócios é alguém que enxerga a oportunidade de fazer negócios onde outros talvez não enxerguem.

Para esclarecer a ideia, considere cadarços. A possibilidade de extrairmos uma matemática significativa de cadarços não costuma ser amplamente reconhecida. Fiquei sabendo de sua existência por meio de um artigo, "The Shoelace Problem", escrito por John H. Halton, do Departamento de Ciência da Computação da Universidade da Carolina do Norte, e publicado na revista *Mathematical Intelligencer*.

Existem ao menos três maneiras habituais de amarrarmos os sapatos, mostrados na Figura 3.1: o método americano em ziguezague, o método europeu reto e o método rápido das sapatarias. Do ponto de vista do consumidor, esses métodos podem diferir em seu apelo estético e no tempo necessário para executá-los. Do ponto de vista do fabricante de sapatos, uma pergunta mais pertinente seria: qual método requer cadarços mais curtos — e, portanto, mais baratos? Neste capítulo, vou me colocar do lado do fabricante de sapatos, mas os leitores talvez desejem aplicar uma medida plausível de complexidade aos métodos ilustrados, decidindo assim qual deles é o mais simples de se amarrar.

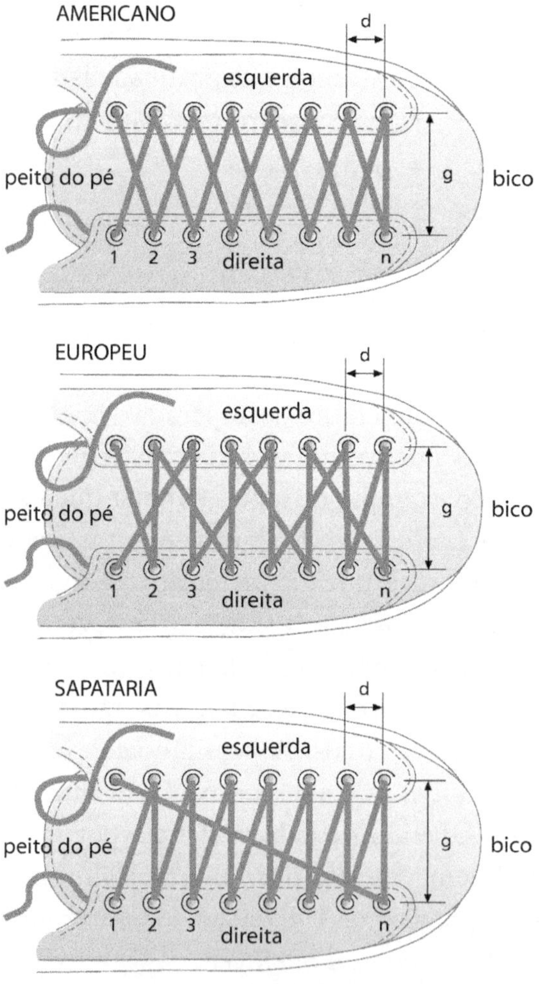

Figura 3.1
Os padrões comuns de passar um cadarço no sapato. São mostrados os parâmetros *n* (número de orifícios) e *e* (espaço entre o par de orifícios correspondentes).

Claro que o sapateiro não precisa se restringir aos três métodos apresentados; portanto, podemos fazer uma pergunta mais difícil: qual método de amarrar os sapatos, dentre *todos* os possíveis, requer um cadarço menor? Os métodos criativos apresentados por Halton também respondem a essa pergunta — estando sujeitos a alguns pressupostos e às simplificações matemáticas típicas usadas em modelos, como "cadarços infinitamente finos" —, como demonstrarei quase ao final deste capítulo.

Vou me concentrar somente no comprimento de cadarço entre os dois orifícios "de cima" do sapato, na parte esquerda das ilustrações — a parte representada por segmentos de linhas retas. A quantidade extra de cadarço necessária é essencialmente aquela que utilizamos para dar um bom laço, que é a mesma para todos os métodos, portanto podemos ignorá-la. A minha terminologia irá se referir ao método de colocar cadarços nos sapatos do ponto de vista do usuário (por isso falei nos orifícios "de cima"), de modo que a fileira superior de orifícios na figura se situa no lado esquerdo do sapato, e a fileira inferior no lado direito. Também vou idealizar o problema, de modo que o cadarço seja uma linha matemática de espessura zero e os orifícios sejam pontos. Além disso, vamos adotar o grande pressuposto de que o método é sempre "alternado", ou seja, o cadarço sempre alterna entre os orifícios dos lados esquerdo e direito. Poderíamos fazer os cálculos sem esse pressuposto, mas, para simplificar a análise, vamos restringir nossa atenção aos métodos alternados.

Utilizando a força bruta, podemos calcular o comprimento do cadarço em relação a três parâmetros do problema:

- O número n de pares de orifícios.
- A distância d entre orifícios sucessivos.
- O espaço g entre orifícios correspondentes dos lados esquerdo e direito.

Com a ajuda do teorema de Pitágoras (imagine o que esse grande homem teria pensado desta aplicação em particular), não é muito difícil demonstrarmos que os comprimentos dos cadarços na Figura 3.1 são os seguintes:

Americano: $g + 2n\sqrt{d^2 + g^2}$

Europeu: $ng + 2\sqrt{(d^2 + g^2)} + (n-1)\sqrt{4(d^2 + g^2)}$

Sapataria: $ng + n\sqrt{(d^2 + g^2)} + \sqrt{(n^2d^2 + g^2)}$

Qual o mais curto? Suponhamos, apenas para ilustrar a questão, que $n = 8$ (como na figura), $d = 1$ e $g = 2$. A aritmética simples nos mostra que os comprimentos são os seguintes:

Americano: $2 + 16\sqrt{5} = 37,777$

Europeu: $16 + 2\sqrt{5} + 7\sqrt{8} = 40,271$

Sapataria: $16 + 8\sqrt{5} + \sqrt{68} = 42,134$.

Neste caso, o método mais curto é o americano, seguido pelo europeu e, finalmente, pelo da sapataria. Mas podemos ter certeza de que sempre será assim, ou isso dependerá dos números n, d e g?

Utilizando cuidadosamente a álgebra do ensino médio, com as fórmulas apresentadas acima, vemos que, se d e g forem diferentes de zero e n for no mínimo igual a três, o método mais curto sempre será o americano, seguido pelo europeu, seguido pelo da sapataria. Se $n = 2$ e d e g forem diferentes de zero, então o método americano ainda será o mais curto, mas o europeu e o da sapataria terão comprimento igual. Se $n = 1$ ou $d = 0$ ou $g = 0$, os três métodos terão o mesmo comprimento, mas somente um matemático se preocuparia com casos assim!

No entanto, essa abordagem é complicada e não esclarece muito bem o que torna os diferentes métodos mais ou menos eficazes.

Em vez de utilizar uma álgebra complicada, Halton observa que, usando um truque geométrico inteligente, torna-se perfeitamente óbvio que o método americano é o mais curto dos três. Com um pouco mais de trabalho e uma variação desse truque, também fica evidente que o método da sapataria demanda um cadarço mais comprido. A ideia de Halton se inspira na óptica, o estudo dos trajetos seguidos por feixes de luz. Os matemáticos descobriram há tempos que muitas das características da geometria dos feixes de luz podem se tornar mais transparentes — se é que convém usar esta palavra ao discutirmos a luz — quando aplicamos projeções cuidadosamente escolhidas para endireitar um trajeto de luz refletido, simplificando assim as comparações.

Por exemplo, para derivar a lei clássica da reflexão — "o ângulo de incidência é igual ao ângulo de reflexão" — num espelho, considere um feixe de luz cujo trajeto é composto de dois segmentos: o que atinge o espelho e o que é refletido. Se você projetar a segunda metade do trajeto no espelho (Figura 3.2), o resultado será um trajeto que cruza a superfície, entrando no mundo através do espelho de Alice. Segundo o princípio de Fermat (sim, Pierre Fermat, aquele do "último teorema"), ou princípio do menor tempo, que constitui uma propriedade geral dos raios luminosos, esse trajeto deve chegar ao seu destino no menor tempo possível — o que, neste caso, significa que o trajeto será uma linha reta. Assim, o "ângulo espelhado" assinalado na figura será igual ao ângulo de incidência — e também, obviamente, ao ângulo de reflexão.

A Figura 3.3 ilustra representações geométricas dos três métodos de passar o cadarço nos sapatos, que Halton deriva por uma extensão desse truque de reflexão óptica. A figura requer uma breve explicação. Ela é

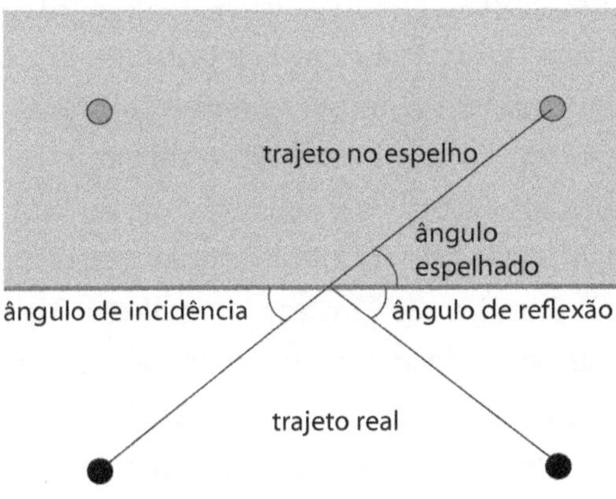

Figura 3.2
Ao refletir o caminho de um raio de luz num espelho, pode-se deduzir a lei de reflexão a partir do princípio de Fermat.

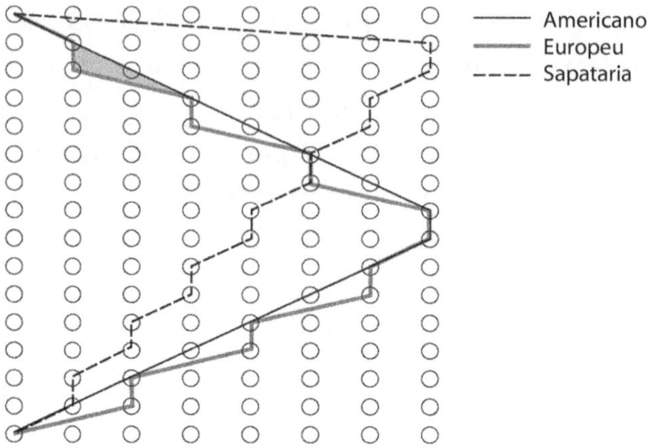

Figura 3.3
Representação geométrica dos três métodos de passar cadarços no sapato obtida por reflexões sucessivas, aqui demonstradas com os valores 1 para *d* e 0,5 para *g*. Ao se considerar triângulos como o que está hachurado na figura, fica evidente que o método americano é menor do que o europeu.

formada por $2n$ fileiras horizontais de orifícios, separados um do outro por uma distância *d*. As fileiras sucessivas estão separadas verticalmente por uma distância *g*, e para reduzirmos o tamanho da figura, reduzimos *g* de 2 (como era na Figura 3.1) para 0,5. O método funciona para quaisquer valores de *d* e *g*, portanto essa mudança não causará nenhuma dificuldade. A primeira fileira horizontal do diagrama representa os orifícios do lado esquerdo. A segunda representa os orifícios do lado direito. Depois disso, as fileiras representam alternadamente os orifícios dos lados esquerdo e direito, de modo que as fileiras ímpares representam os orifícios do lado esquerdo e as pares representam os do lado direito.

Os trajetos poligonais que ziguezagueiam ao longo do diagrama correspondem aos métodos de amarrar o sapato, mas com uma pequena guinada — quase literalmente. Comece no orifício superior esquerdo e, seguindo um dos métodos, desenhe o primeiro segmento do cadarço, passando da esquerda para a direita do sapato, ou seja, da primeira à segunda fileira do diagrama. Desenhe o seguinte segmento de cadarço *refletido*, de modo que passe da segunda para a terceira fileira, em vez de voltar da segunda para a primeira, como num sapato de verdade. Continue dessa maneira, refletindo a posição física de cada segmento sucessivo sempre que encontrar um orifício. (Observe que, depois de duas reflexões como essa, o segmento estará paralelo a sua posição original, só que duas fileiras abaixo, e assim por diante.) De fato, as duas fileiras de orifícios são substituídas por espelhos. Portanto, em vez de ziguezaguear entre as duas fileiras, o trajeto agora desce constantemente pela figura, uma fileira por vez, enquanto seu movimento horizontal repete precisamente o movimento ao longo das fileiras do sapato, segundo cada um dos métodos.

Como a reflexão de um segmento não altera seu comprimento, essa representação leva a um trajeto de comprimento idêntico ao do método correspondente. Contudo, a representação refletida tem a vantagem de facilitar a comparação entre os métodos americano e europeu. Em poucos pontos os métodos coincidem, mas em todo o resto o padrão americano corre ao longo de um dos lados (o lado maior) de um pequeno triângulo, sombreado na figura, enquanto o europeu corre ao longo de dois lados do mesmo triângulo (os lados menores). Como o comprimento somado de dois lados de um triângulo sempre excede o do terceiro lado (isto é, uma linha reta sempre é o menor trajeto entre dois pontos), o método americano é obviamente mais curto.

Porém, não parece tão óbvio que o método da sapataria utilize mais cadarço que o europeu. Para demonstrarmos esse fato, o mais simples é eliminarmos todos os segmentos verticais dos dois trajetos (que contribuem com o mesmo comprimento nos dois métodos, pois ambos têm $n - 1$ segmentos verticais) e também quaisquer segmentos inclinados idênticos. O resultado está ilustrado na Figura 3.4 (linhas grossas). Se projetarmos os trajetos, que têm a forma de "Vs" deitados, segundo sua reflexão em eixos *verticais* colocados nas pontas dos Vs (linhas finas), finalmente torna-se fácil percebermos que o trajeto da sapataria é mais longo, novamente porque a soma de dois lados de um triângulo é mais comprida que o terceiro lado.

Para o problema do cadarço, essa perspicaz combinação de representações gráficas e truques de reflexão não permite apenas compararmos métodos específicos de amarrar os sapatos. Halton a utiliza para demonstrar que o método americano em ziguezague é o mais curto dentre *todos* os possíveis: a prova está em seu artigo. Em termos mais gerais, tanto os cadarços

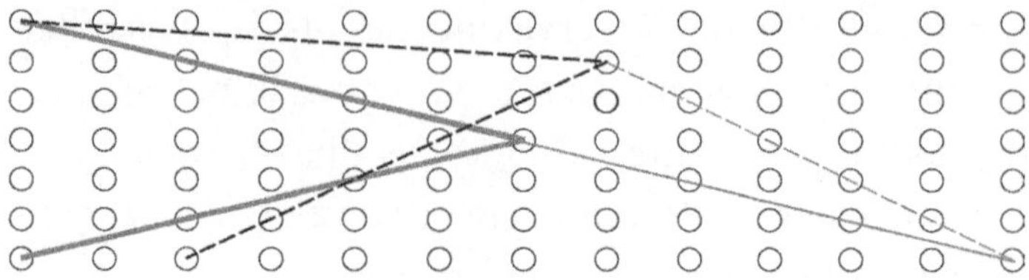

Figura 3.4
Eliminamos os segmentos em comum e refletimos o eixo vertical para mostrar que o método da sapataria gasta mais cadarço que o método europeu.

como a óptica de Fermat se unem na teoria matemática das geodésias — os menores trajetos em diversas geometrias. Nesse caso, o truque da reflexão se mostra incrivelmente eficaz, e o mundo através do espelho de Alice nos ajuda a esclarecer questões fundamentais da física, além de confirmar a superioridade do método americano de amarrar os sapatos.

CORREIO

Diversos leitores questionaram a conclusão de que o método americano de amarrar os sapatos é o que utiliza a menor quantidade de cadarço. Essa conclusão só é verdadeira quando adotamos o pressuposto de que o cadarço deve passar alternadamente pelos orifícios dos lados esquerdo e direito do sapato. Porém, se eliminarmos esse pressuposto, podemos encontrar métodos ainda mais curtos — embora, por motivos práticos, precisemos de cadarços mais resistentes. Frank C. Edwards III, de Dallas, encontrou dois métodos mais curtos para quando n é par, ambos de comprimento $(n-1)(g+2d)$: tais métodos estão ilustrados na Figura 3.5, na qual alguns segmentos foram encurvados para esclarecer o processo. Quando $n = 18$, $d = 1$ e $g = 1$, o comprimento é igual a 28, enquanto o método americano daria um comprimento de 33,3.

O segundo método também foi enviado por Michael Melliar-Smith, de Santa Barbara, e por Stephen Wallet, de San Diego, entre muitos outros. Neil Isenor, de Waterloo, recorda que um cadete com quem dividiu um alojamento nos anos 1950 lhe mostrou o mesmo método. William R. Reado, de Vancouver, contou-me que "quando lutei na infantaria durante a Segunda Guerra Mundial, pediam-me que amarrasse as botas" da mesma maneira, acrescentando que essa técnica era conhecida como o método "canadense reto" de amarrar os sapatos, e apresentou um método semelhante para quando n é ímpar.

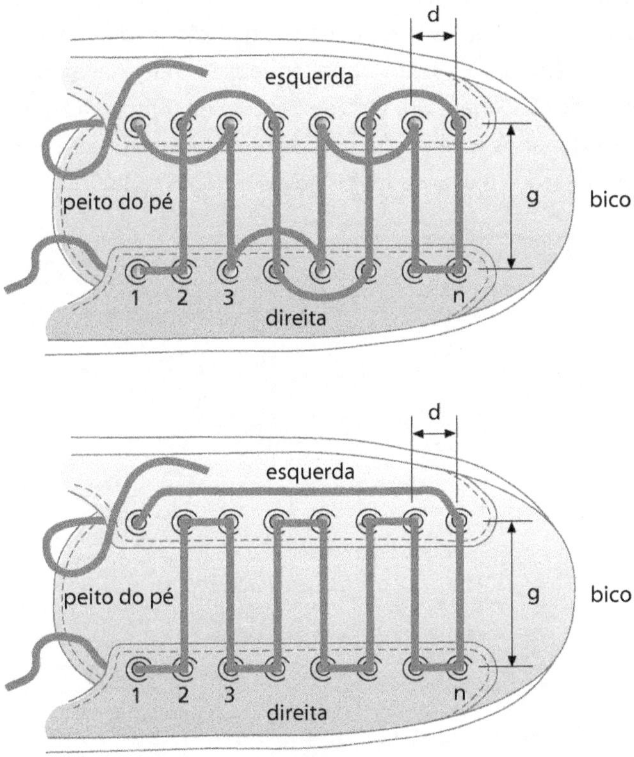

Figura 3.5
Como usar o método americano de passar cadarços ao não alternar os orifícios.

Maurice A. Rhodes, da cidade de Nelson, na Colúmbia Britânica, escreveu que "fiquei desconfiado ao ler o artigo, e em cima do laço acabei encontrando seu calcanhar de aquiles". Ele afirma que o método se originou na Escócia, e pergunta se eu teria me esquecido dos meus ancestrais.

(Eu talvez deva explicar que, apesar do meu nome, o mais antigo ancestral escocês que consigo localizar é o meu tataravô, um capitão de navio chamado Purves, que está enterrado na catedral de Cantuária.) Rhodes explica que esse mesmo método era ensinado aos cadetes da aeronáutica no Real Colégio Militar do Canadá no final dos anos 1940. Na Marinha Real do Canadá, os marinheiros amarravam as botas da mesma maneira, porque, "cortando-se rapidamente a parte externa do cadarço com uma faca de marinheiro, ... era possível remover facilmente as botas para evitar o afogamento. Na Real Força Aérea do Canadá e no Exército do Canadá usava-se o mesmo método, pois assim a bota poderia ser retirada rapidamente de um pé ferido." E Donald Graham, de Vancouver, contou-me que sua filha Nicole, de dez anos, inventou o método por conta própria na primeira vez em que precisou colocar cadarços novos em seus tênis.

- 4 -
Paradoxo perdido

Tudo o que está escrito nesta página, até o próximo ponto, é mentira. Portanto, não é mentira, portanto é mentira... opa. O paradoxo do mentiroso intrigava os gregos da Antiguidade e ainda causa problemas, por bons motivos. Por outro lado, outros paradoxos famosos não se sustentam quando analisados de maneira mais minuciosa.

Alguns dos problemas fundamentais mais instigantes da matemática se encontram na área da lógica, que dá a impressão de ser perfeitamente direta, embora esteja repleta de armadilhas. O grande bicho-papão da lógica matemática é a existência de paradoxos que, apesar de simples, são desconcertantes. Em termos coloquiais, podemos dizer que um paradoxo não passa de algo que parece verdadeiro embora seja falso, ou que parece falso embora seja verdadeiro.

Por exemplo, muitas pessoas acreditam ser verdade que "o século XXI começou no ano 2000", mas isso na verdade está errado. (O século I começou no ano 1, e não no ano 0, porque *não houve* um ano 0. Agora acrescente 2000 e veja que o século XXI começou no ano 2001. O que de fato está correto, sendo o motivo pelo qual o filme *2001: Uma odisseia no espaço* não se chamou *2000: Uma odisseia no espaço*.) Temos também o fato matemático conhecido como o paradoxo de Banach-Tarski, que afirma ser possível dividirmos uma esfera sólida de raio unitário em um número finito de pedaços separados, que podem então ser mais uma vez montados formando *duas* esferas sólidas de raio unitário. Isso obviamente parece ser falso, pois o volume não deveria mudar... Porém, os "pedaços" em questão são tão complicados que não possuem volumes bem definidos. Mas estou divagando.

Do ponto de vista matemático, existem paradoxos relativamente fracos — eles podem nos forçar a rever nossos conceitos sobre algum tema, mas não nos obrigam a rever o nosso *modo* de pensar. Os paradoxos lógicos mais profundos são assertivas autocontraditórias. A mais simples delas é a afirmação "Esta frase é falsa". Se a afirmação for verdadeira, ela então nos diz que é falsa; se for falsa, ela nos diz que é verdadeira. Preocupante.

Paradoxos como este forçaram os lógicos matemáticos a definir com muito cuidado as coisas das quais estavam falando e o que poderíamos fazer com elas. O "paradoxo do barbeiro", de Bertrand Russell, é um desses casos. Num vilarejo, existe um barbeiro que barbeia a todos que não se barbeiam. Quem barbeia o barbeiro? No mundo real, podemos recorrer a algumas escapatórias. E se o barbeiro for mulher? Estamos falando de barba, cabelo ou bigode? De qualquer maneira, um barbeiro assim poderia realmente existir?

Na matemática não temos uma saída fácil, e uma versão do paradoxo de Russell, colocada em termos mais cuidadosos, pôs a perder o trabalho ao qual Gottlob Frege dedicou sua vida, acreditando ter embasado toda a matemática a partir das propriedades lógicas dos conjuntos. Um *conjunto* é uma coleção de objetos; dizemos que o conjunto *contém* cada um desses objetos.* Por exemplo, o conjunto de todos os números pares entre 0 e 10, inclusive, contém os objetos 0, 2, 4, 6, 8, 10, e nenhum outro. Frege presumia que qualquer propriedade matemática aparentemente razoável definia um conjunto, que consistia nos objetos que tinham essa propriedade. Mas Russell pediu a Frege que contemplasse um conjunto (que

* O autor utiliza indistintamente o verbo "conter" tanto para a relação conjunto-objeto como para a relação conjunto-conjunto. A rigor, porém, a distinção é obrigatória: O conjunto *A* possui o objeto *a*. O objeto *a* pertence ao conjunto *A*. O conjunto *A* contém o conjunto *B*. O conjunto *B* está contido no conjunto *A*. (N.T.)

chamaremos de *X*) definido como "o conjunto de todos os conjuntos que não contêm a si mesmos". Essa é uma propriedade aparentemente razoável. Alguns conjuntos (por exemplo, o conjunto de todos os conjuntos) de fato contêm a si mesmos. Outros, como o conjunto dos números pares descrito acima, não contêm a si mesmos (o conjunto em questão não é um número par entre 0 e 10 — é um *conjunto*, e não um número, certo?).

Muito bem, disse Russell: o conjunto *X* contém a si mesmo?

Se *X* contém *X*, então *X* (em seu papel como objeto de *X*) satisfaz a propriedade de não conter a si mesmo, portanto *X* não contém *X*.

Por outro lado, se *X* não contém *X*, então *X* (em seu papel como conjunto) satisfaz a propriedade de não conter a si mesmo, portanto *X* contém *X*.

Opa.

Existem muitos paradoxos na literatura matemática e lógica. Alguns deles se sustentam quando analisados minuciosamente, e, quando o fazem, ilustram as limitações do pensamento lógico (paradoxo reconquistado). Outros, como alguns vistos habitualmente na matemática recreativa, não se saem tão bem (paradoxo perdido). Ou será que sim? Eis a minha opinião sobre alguns deles, mas você pode discordar. Se assim for, vamos concordar em discordar: por favor, não me escreva para defender seu ponto de vista — a vida é curta demais.

Meu primeiro paradoxo está ligado a Protágoras, um advogado grego que viveu e ensinou durante o século V a.C. Ele tinha um aluno, e os dois firmaram o acordo de que o aluno lhe pagaria por seus ensinamentos depois que houvesse ganhado sua primeira causa. Mas o aluno não arrumou nenhum cliente, e por fim Protágoras ameaçou processá-lo. Protágoras calculou que ganharia de qualquer forma, pois, se a corte lhe desse ganho de causa, o aluno seria obrigado a lhe pagar, mas se Protágoras perdesse, então, conforme o acordo firmado, o aluno teria de lhe pagar de qualquer forma. O aluno respondeu de maneira exatamente oposta: se Protágoras ganhasse, então, conforme o acordo, ele *não* teria de lhe pagar, mas se Protágoras perdesse, a corte teria decidido que o aluno não teria de pagar.

Tudo muito divertido, mas acho que o paradoxo não se sustenta quando o analisamos melhor. Ambos os litigantes estão escolhendo as partes do argumento que mais lhes convêm — num momento presumem que o acordo é válido, e então presumem que a decisão da corte pode anulá-lo. *Mas por que levar uma questão como essa à corte?* Porque a função da corte é resolver quaisquer ambiguidades que existam no contrato, anulando-o se necessário, e então decidindo o que deve ser feito a seguir. Se a corte decidir que o aluno deve pagar, assim terá de ser; e se decidir que ele não deve pagar, então Protágoras não terá em que se apoiar. Legalmente, a decisão da corte está acima do contrato. Paradoxo perdido.

Um paradoxo bem mais profundo foi proposto em 1905 por Jules Richard, um lógico francês. Eis uma de suas versões. Na língua portuguesa, algumas orações definem números inteiros positivos e outras não. Por exemplo, "O ano da Proclamação da República" define o número 1889, enquanto "O significado histórico da Proclamação da República" não define número algum. E o que dizer desta frase: "O menor número que não pode ser definido por uma frase em língua portuguesa contendo menos de 20 palavras." Observe que, seja qual for esse número, acabamos de defini-lo usando uma frase em língua portuguesa contendo somente 19 palavras. Opa.

O que aconteceu desta vez? A única saída seria se a frase proposta, na verdade, não definisse número algum. No entanto, ela deverá fazê-lo. Se aceitarmos o fato de que a língua portuguesa contém um número finito de palavras, então o número de orações com menos de 20 palavras também é finito. Por exemplo, se existirem 99.999 palavras, então existem no máximo $20^{100.000} - 1$ orações com 20 palavras ou menos. (Permitindo a existência de uma palavra em branco, aumentamos as palavras de 99.999 para 100.000, e assim podemos incluir todas as orações mais curtas no total. O "– 1" remove a frase vazia, formada apenas por palavras em branco.) É claro que muitas dessas orações não fazem sentido, e muitas das que *fazem* sentido não definem nenhum número inteiro positivo — mas isso nos diz apenas que temos menos orações a considerar. As demais definem um conjunto finito de inteiros positivos, e um teorema convencional da matemática nos diz que, nessas circunstâncias, existe um número que é o menor inteiro positivo que não está no conjunto. Portanto, diante disso, a frase de fato define um inteiro positivo.

Porém, naturalmente, não pode fazê-lo.

Possíveis ambiguidades na definição, tais como "Um número que, quando multiplicado por zero, dá zero" não nos permitem escapar desta armadilha lógica. Se uma frase é ambígua, devemos descartá-la: a palavra "definir" certamente exige um resultado unívoco. A frase problemática apresentada por Richard será ambígua, então? Nem tanto. A frase não é problemática por deixar de definir um *único* número. É problemática porque não define número algum. Ela aparentemente deveria defini-lo — mas a existência desse número é logicamente contraditória, portanto a sentença não é realmente capaz de definir um número. Observe que, se houvéssemos considerado uma frase muito semelhante, como "O menor número que não pode ser definido por uma frase em língua portuguesa contendo menos de 19 palavras", não teríamos problema algum. Portanto, o paradoxo de Richard nos diz algo muito profundo sobre as limitações da linguagem como uma descrição da aritmética, a saber: não existe uma maneira fácil de determinarmos, a partir da forma de uma assertiva linguística, se ela tem um significado. Paradoxo reconquistado.

Seguindo por um caminho mais recreativo, temos o paradoxo do "teste surpresa". A professora diz aos alunos que haverá um teste em algum dia da semana que vem (de segunda a sexta-feira), e que será uma surpresa. Isso parece razoável: a professora pode escolher qualquer dia, e os alunos não têm como saber antecipadamente que dia será. No entanto, os alunos raciocinam da seguinte maneira. O teste não poderá ser na sexta-feira, porque, se for, quando a quinta-feira passar sem que o teste tenha sido aplicado, saberemos que deverá ser na sexta-feira, portanto não será surpresa alguma. Porém, uma vez descartada a sexta-feira, estamos agora ante a mesma situação numa semana de quatro dias (de segunda a quinta-feira), e podemos usar o mesmo argumento para determinar que o teste não poderá ser na quinta-feira. Nesse caso, não poderá ser na quarta-feira, portanto não poderá ser na terça-feira, portanto não poderá ser segunda-feira — portanto não é possível que haja um teste surpresa.

Por outro lado, se a professora aplicar o teste na quarta-feira, os alunos aparentemente não teriam como saber disso antecipadamente. Essa lógica, portanto, está um pouco biruta. Será um caso de paradoxo perdido ou de paradoxo reconquistado? Na minha opinião, trata-se de um caso muito interessante de algo que parece um paradoxo, mas não é. Existe uma assertiva equivalente, em termos lógicos, que é obviamente verdadeira e absolutamente desinteressante. Suponha que, a cada manhã, os alunos anunciem confiantes, "O teste será hoje". Em algum momento acabarão por fazê-lo no dia do teste, e nesse momento poderão alegar que não foi surpresa alguma.

Não tenho qualquer objeção a essa estratégia por parte dos alunos, a não ser porque trapacearam. O motivo pelo qual ela funciona é o fato de que, se você esperar *diariamente* pela surpresa, é claro que não ficará surpreso. Do meu ponto de vista — e já discuti com muitos matemáticos que não concordaram, e não matemáticos também, portanto estou ciente de que há espaço para visões divergentes —, o suposto paradoxo do teste surpresa não passa dessa estratégia óbvia, porém disfarçada para ganhar um tom misterioso. Não é uma trapaça evidente porque tudo se passa na intuição, ao invés de na ação, mas na verdade é a *mesma* trapaça disfarçada.

Vamos estreitar as condições pedindo aos alunos que digam, a cada manhã antes do início das aulas, se pensam que o teste será naquele dia. Para que os alunos *saibam* que não poderá ser na sexta-feira, eles precisam se permitir a opção de anunciar na sexta-feira de manhã: "Será hoje". E o mesmo vale para quinta, quarta, terça e segunda-feira. Portanto, eles precisam anunciar que "Será hoje" num total de cinco vezes — uma vez por dia. Tudo bem: se permitirmos aos alunos que revejam sua previsão a cada dia, acabarão por acertar.

Porém, se estreitarmos as condições ainda um pouco mais, o argumento dos alunos se desfaz, assim como o paradoxo. Por exemplo, suponha que só lhes seja permitido anunciar *uma* vez o dia do teste. Se a sexta-feira chegar e eles ainda não tiverem usado seu palpite, poderão realmente fazer o anúncio nesse dia. Mas se *já* tiverem usado o palpite, deram-se mal. No entanto, eles *não podem* esperar até a sexta-feira para usar o palpite, porque o teste poderá ser na segunda, terça, quarta ou quinta-feira. Na verdade, se permitirmos que deem *quatro* palpites, ainda assim estarão em apuros. Eles só conseguirão prever o dia correto se permitirmos que cheguem a cinco palpites.

Se eu mostrar a você cinco caixas, quatro delas vazias e a quinta contendo muito dinheiro, e você tiver um método infalível para adivinhar qual é a caixa certa com apenas um palpite, vou ficar impressionado. Mas se o seu método precisar de cinco palpites para funcionar, realmente não vou me impressionar nem um pouco. Você poderia usar os cinco palpites de uma só vez, apontando ao mesmo tempo para todas as caixas. Você poderia usar um palpite de cada vez — apontar para a caixa 1, abri-la, então apontar para a caixa 2, se a primeira estiver vazia, e assim por diante. De qualquer maneira, acho que ninguém ficaria surpreso quando você acabasse por apontar para a caixa certa. Basicamente, estou dizendo que os alunos não estão usando nada além de uma versão disfarçada desse método trivial de "previsão".

Na verdade, estou sugerindo duas coisas. A menos interessante é a ideia de que o "paradoxo" depende do que chamamos de "surpresa". A mais interessante é a de que, *independentemente* do que chamemos de "surpresa", existem duas maneiras logicamente equivalentes de apresentarmos a estratégia de previsão dos alunos. A primeira — o modo habitual de apresentarmos o enigma — parece indicar um paradoxo genuíno. A segunda — apresentada a partir das ações reais, e não hipotéticas — o transforma em algo correto, porém trivial, destruindo inteiramente o elemento paradoxal.

Se você ainda não se convenceu, aqui vai um último comentário. De modo equivalente, podemos permitir que a professora acrescente mais uma condição. Suponha que os alunos tenham péssima memória, de modo que, a cada noite, tenham se esquecido de tudo o que estudaram para o teste na noite anterior. Se, como alegam os alunos, o teste não for surpresa nenhuma, então eles deveriam poder se safar com muito pouco esforço. Basta esperarem até a véspera do teste, para então estudarem tudo de uma vez, passarem e esquecerem a matéria. Mas a professora, do alto de sua sabedoria, sabe que eles não poderão fazê-lo. Se não estudarem na noite de domingo, o teste poderá ser na segunda-feira, e, se assim for, eles serão reprovados. Idem de terça a sexta-feira. Portanto, ainda que jamais se surpreendam com o teste, os alunos terão de estudar durante cinco noites seguidas.

Paradoxo perdido, eu diria.

CORREIO

Diversos leitores me chamaram a atenção para um artigo fascinante escrito por David Borwein (Universidade de Ontário Ocidental), Jonathan Borwein e Pierre Maréchal e publicado na revista *American Mathematical Monthly*. Esses autores definem uma medida de surpresa e se perguntam que estratégia a professora deveria seguir para maximizá-la. Eles concluem que o dia do teste deve ser escolhido ao acaso, de modo que a probabilidade de escolha de cada dia específico da semana siga um padrão preciso. (Eles permitem "semanas" de qualquer número inteiro de dias.) A probabilidade permanece aproximadamente constante ao longo da primeira parte da semana, mas aumenta rapidamente nos últimos dias, e o último dia tem a maior probabilidade. Portanto, mesmo que você discorde do que eu falei e pense que o teste não pode ser uma surpresa completa, temos a possibilidade de dizer o quão surpresa ele será.

Veja bem, ainda não calculei de que modo varia o grau de surpresa se os alunos lerem o artigo de Borwein, Borwein e Maréchal...

R.B. Burckel, da Universidade Estadual do Kansas, enviou uma solução para o paradoxo de Richard. Lembre-se de que o paradoxo se refere à frase "O menor número que não pode ser definido por uma frase em língua portuguesa contendo menos de 20 palavras". Qualquer que seja esse número, a frase que o define usa uma frase em língua portuguesa contendo apenas 19 palavras. Ainda assim, esse número aparentemente deve existir: faça uma lista (necessariamente finita) de todas as orações possíveis com 19 palavras ou menos, elimine aquelas que não definem um único número e tome o menor dos números omitidos. Entretanto, esse argumento tem certos problemas: a lista em si não é bem definida, como observou Richard num artigo publicado na *Acta Mathematica* em 1906. Para ilustrar algumas das armadilhas, a lista deve incluir as seguintes orações (modifiquei aqui as sugestões de Burckel, e assumo a responsabilidade pelo resultado):

- O número citado na próxima frase, se ela citar um número, e zero, se não citar.
- Um mais o número citado na frase anterior.

Cada frase *por si só* parece definir um número sem qualquer ambiguidade, devendo portanto ser mantida na lista. Mas as duas, tomadas em conjunto, são contraditórias. Observe que a ordem das frases na lista faz diferença — e esse problema é só a ponta de um detestável iceberg autorreferente. Como a lista não foi muito bem definida, a frase paradoxal *não* define um único número, portanto isso se transforma num caso de paradoxo perdido. E não podemos recuperar o paradoxo insistindo na ideia de que as redes de frases autorreferentes sempre serão consideradas ambíguas, devendo então ser retiradas da lista. Se modificarmos a lista, também modificaremos a definição sobre quais listas são autorreferentes, portanto não existe uma maneira consistente de obtermos uma lista não ambígua.

- 5 -
Como sardinhas redondas enlatadas

Obviamente podemos embalar 49 garrafas de leite, de diâmetro unitário num caixote quadrado cujos lados medem sete unidades. Basta usarmos sete filas de sete. Mas será que podemos embalar as mesmas garrafas num caixote *menor*, dispondo-as de maneira diferente? Quer apostar?

Quando estamos em meio a uma multidão num espaço pequeno, dizemos que estamos como "sardinhas enlatadas", e com razão. Os matemáticos gostam muito de situações como essa, mas como as pessoas e os peixes têm formatos muito complicados, preferem trabalhar com círculos. Qual é o tamanho, perguntam eles, do menor caixote no qual poderíamos colocar 49 garrafas de leite? Ou então, de modo equivalente, dado um quadrado de lado unitário, qual seria o diâmetro do maior círculo tal que 49 cópias desse círculo possam ser embaladas dentro do quadrado sem nenhuma sobreposição? Por sinal, para perceber que essas perguntas são equivalentes, observe que, no primeiro caso, fixamos o tamanho dos círculos e variamos o do quadrado, e no segundo fizemos o contrário. Portanto, independentemente da escala escolhida, a solução de um problema resolve automaticamente o outro. Contanto, é claro, que não ponhamos as garrafas de leite de cabeça para baixo ou de lado, e presumindo que o corte transversal de uma garrafa de leite possa ser considerado um círculo perfeito, e o de um caixote, um quadrado perfeito.

Questões como essa devem ser tão antigas quanto a própria matemática, mas praticamente todas as informações que temos sobre elas datam de 1960 ou depois. A razão para isso é a surpreendente sutileza contida na "geometria combinatória", como é conhecida essa área. As respostas não são nem um pouco óbvias, e é difícil encontrar suas provas. Por exemplo, é bastante óbvio que o menor caixote quadrado dentro do qual podemos embalar 49 garrafas de leite de diâmetro unitário tem sete unidades: basta dispormos as garrafas num arranjo quadrado (Figura 5.1.a).

Por mais óbvia que pareça essa solução — como tantas outras ideias supostamente óbvias —, ela é falsa. Em 1997, K.J. Nurmela e P.R.J. Östergård encontraram uma maneira de inserir 49 círculos dentro de um quadrado ligeiramente menor (Figura 5.1.b). A diferença de tamanho, de tão pequena, é invisível a olho nu. Esse arranjo invalidou uma conjectura de G. Wengerodt, que já havia demonstrado que o óbvio arranjo quadrado era ideal para 1, 4, 9, 16, 25 e 36 círculos, mas não para 64, 81 ou qualquer número quadrado maior. Wengerodt deixou em aberto o caso dos 49 círculos, mas supôs — erroneamente, como se descobriu há pouco — que o arranjo quadrado ainda seria o mais denso.

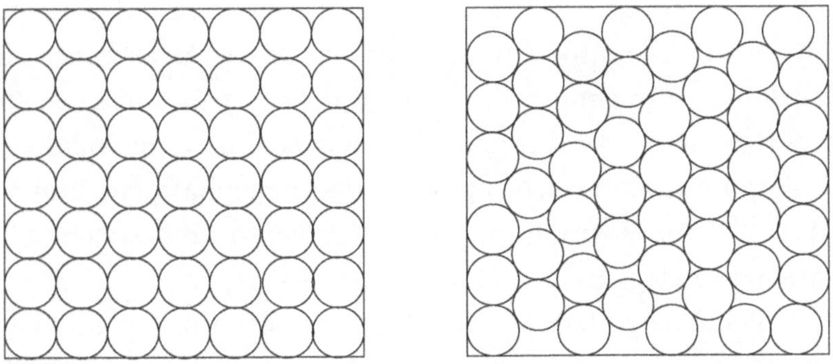

(a) (b)

Figura 5.1

(a) A maneira óbvia de encaixotar 49 círculos dentro de um quadrado.
(b) Se, no entanto, eles foram encaixotados assim, o quadrado se torna (sutilmente) menor.

Você talvez esteja se perguntando por que o arranjo quadrado não é o mais denso em *qualquer* caixote quadrado, por maior que seja. Adotando o ponto de vista correto, torna-se fácil perceber que o arranjo quadrado, em caixotes suficientemente grandes, deixa de ser o mais eficiente. Você precisa saber (isto é fácil de verificar) que no plano infinito existe um arranjo mais denso que a distribuição quadrada — o arranjo hexagonal, como a disposição das bolas no início de um jogo de bilhar, só que estendida infinitamente.

Um caixote de tamanho finito tem uma margem quadrada que impede a formação da distribuição hexagonal perfeita, e é por isso que os arranjos quadrados são mais densos quando temos um pequeno número de círculos. Porém, quando o número de círculos é suficientemente grande, o efeito da margem se torna muito pequeno, o que permite que embalemos uma maior quantidade de círculos usando disposições mais próximas à hexagonal, em vez de utilizarmos o arranjo quadrado. Foi assim que Wengerodt provou que o arranjo quadrado não era o mais efetivo para números maiores ou iguais a 64. O caso dos 49 círculos, porém, é bastante delicado, e por isso precisamos de um certo tempo para encontrar a resposta correta.

Tive a ideia de escrever sobre estes assuntos ao receber uma cópia de *Packing and Covering with Circles*, tese de doutorado escrita por Hans Melissen e defendida na Universidade de Utrecht em dezembro de 1997. Trata-se, de longe, da melhor e mais completa análise dessas questões que já li, e contém muitos arranjos e provas novos, além de uma lista de referências bastante abrangente. Podemos fazer perguntas semelhantes sobre regiões de diversas formas distintas (círculos, retângulos, triângulos), com muitas aplicações possíveis — de embalagens industriais à física dos elétrons. No entanto, o verdadeiro encanto deste tema está em sua matemática elegante.

O problema da embalagem de círculos iguais num quadrado, maximizando o tamanho dos círculos em relação ao lado do quadrado, não parece ter sido discutido na bibliografia até 1960, quando Leo Moser conjecturou uma solução para oito círculos. Sua conjectura foi verificada pouco depois e levou a uma série de publicações sobre o mesmo tema, com diferentes números de círculos. Em 1965, J. Schaer, um dos matemáticos que provaram a conjectura de Moser, publicou soluções para até nove círculos. Ele observou que as embalagens ideais para até cinco círculos são fáceis, e atribuiu a Ron Graham (que atualmente trabalha na Bell Labs) a solução para seis círculos.

O problema costuma ser ligeiramente reformulado, de modo a desconsiderar os círculos em si. Se dois círculos iguais se tocam, seus centros estão separados por uma distância igual ao seu diâmetro comum. E se um círculo toca uma margem reta, seu centro se situa numa linha paralela à margem, separada dela por uma distância igual ao raio do círculo. Portanto, a minha pergunta sobre os círculos pode ser reformulada da seguinte maneira: "Coloque 49 pontos num quadrado dado, de modo a maximizar a separação mínima entre quaisquer dois pontos." Os pontos correspondem aos centros dos círculos; o quadrado não é o original, e sim um quadrado menor, cujos lados foram movidos para dentro por uma distância igual ao raio do círculo. A vantagem da formulação com "pontos" é sua simplicidade conceitual. Nessa formulação, o estado atual da brincadeira para até 20 círculos está resumido na Figura 5.2. Já foi provado que todos esses arranjos apresentados são os ideais. Para 17 pontos, existem dois arranjos distintos. Alguns deles, como os de 13, 17 e 19 pontos, utilizam pontos "livres", cuja posição não é completamente fixa, podendo variar dentro de certos limites (pequenos).

Numa variante mais complicada, o desafio é embalar círculos (ou, mais uma vez, pontos equivalentes) dentro de um círculo. A mais antiga publicação sobre esse tema é a tese de doutorado de B.L.J. Braaksma, publicada em 1963, que trata de uma questão técnica em análise. Entre as minúcias técnicas, o autor conjectura um arranjo ideal para oito pontos. (É curioso que, em ambos os problemas, o caso dos oito pontos tenha sido o primeiro a atrair alguma atenção mais séria.) Posteriormente, ele encontrou uma prova de que seu arranjo é o ideal, mas jamais a publicou. Nessa formulação, conhecem-se as soluções para 11 pontos ou menos. Já foram conjecturados arranjos ideais para 12 a 20 pontos, mas ainda não existem provas (ver Figura 5.3). Mais uma vez existem arranjos alternativos em diversos casos (6, 11, 13, 18 e 20). Para seis pontos, as soluções

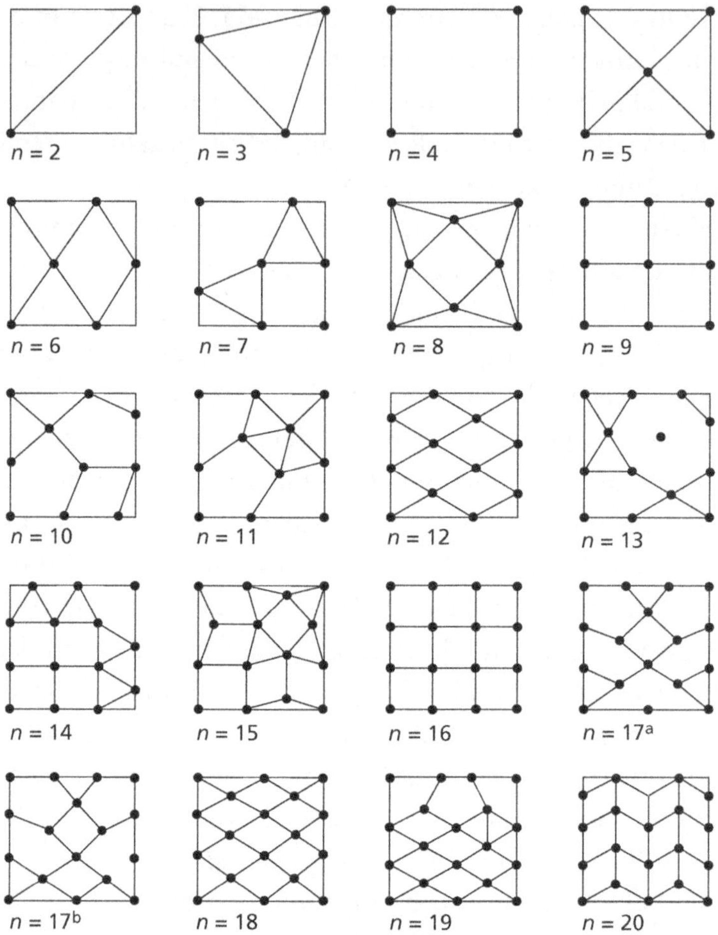

Figura 5.2
Arranjos de pontos em um quadrado para maximizar a separação mínima.

são (a) cinco pontos na margem, com alguma liberdade de movimento, com um ponto no centro, e (b) um hexágono perfeito. A solução conjecturada para 19 pontos é especialmente elegante e simétrica.

A prova para 11 pontos foi apresentada por Melissen na tese mencionada. Seu método consiste em começar pela partição de um círculo num sistema de regiões de formatos curiosos; então, ele utiliza estimativas de distâncias para mostrar que algumas dessas regiões contêm no máximo um dos pontos que deverão ser distribuídos dentro do círculo. Dessa maneira, o pesquisador

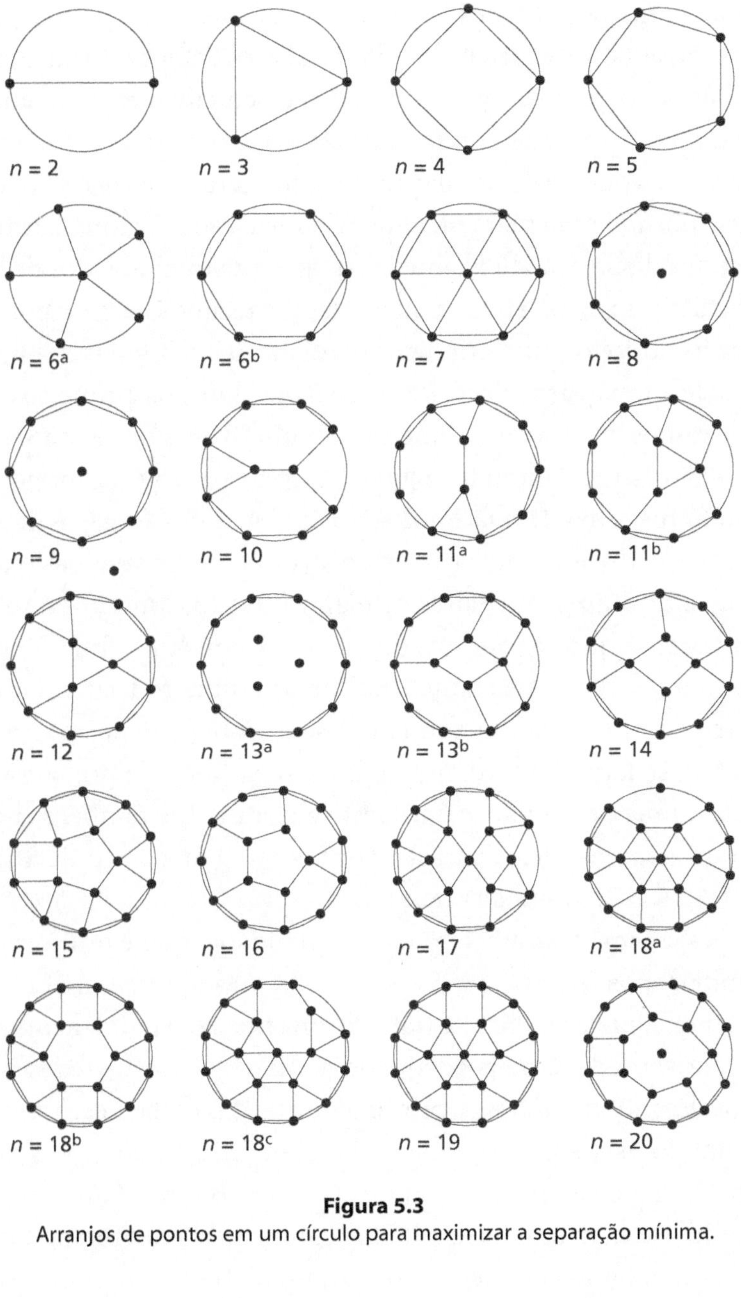

Figura 5.3

Arranjos de pontos em um círculo para maximizar a separação mínima.

ganha um "controle" gradual sobre a disposição dos pontos — determinando neste caso, por exemplo, que oito dos pontos devem se situar na margem do círculo. O método é delicado e depende de uma escolha inteligente das partições; no entanto, é razoavelmente geral, e podemos utilizar algumas de suas versões para resolver muitos problemas semelhantes, frequentemente com o auxílio de cálculos computadorizados extensos.

Os arranjos dentro de um triângulo equilátero são especialmente interessantes, porque uma margem com essa forma se relaciona harmoniosamente com a disposição hexagonal — o que qualquer jogador de bilhar já sabe. O triângulo de plástico ou madeira que usamos para dispor as bolas no começo do jogo é um triângulo equilátero, e as bolas se organizam dentro dele numa disposição hexagonal. De fato, os primeiros estudos desses arranjos utilizavam somente círculos (ou pontos equivalentes, como sempre) em número triangular: 1, 3, 6, 10, 15 e assim por diante. Esses números têm a forma $1 + 2 + 3 + ... + n$, e nesses casos os círculos podem ser dispostos como parte de um arranjo hexagonal perfeito. Sabe-se que esse arranjo é o ideal num plano infinito, um fato amplamente presumido, mas que só foi provado em 1892 por Axel Thue. Portanto, é bastante plausível que o arranjo ideal de um número triangular de pontos dentro de um triângulo equilátero seja a óbvia disposição das bolas de bilhar. Esse fato é verdadeiro, embora seja difícil de provar: Melissen apresentou uma prova particularmente elegante. Ele também encontrou (e provou) arranjos ideais para 12 pontos ou menos, e conjecturas para 16, 17, 18, 19 e 20 pontos (Figura 5.4).

Todo esse tema traz a beleza da originalidade, que é muito cativante, mas também nos mostra que certos problemas aparentemente simples podem ser enganadores. Não se trata de um tema fácil para um matemático "sério". Na verdade, é mais adequado ao matemático recreativo, que vê inúmeros desafios fascinantes: provar algumas das conjecturas, aperfeiçoá-las (refutando-as assim), estender soluções conjecturadas ou provadas a um número maior de pontos... O formato do domínio também pode ser modificado: existem alguns resultados conhecidos para retângulos e para triângulos retângulos isósceles, por exemplo. Trabalhar com hexágonos deve ser divertido.

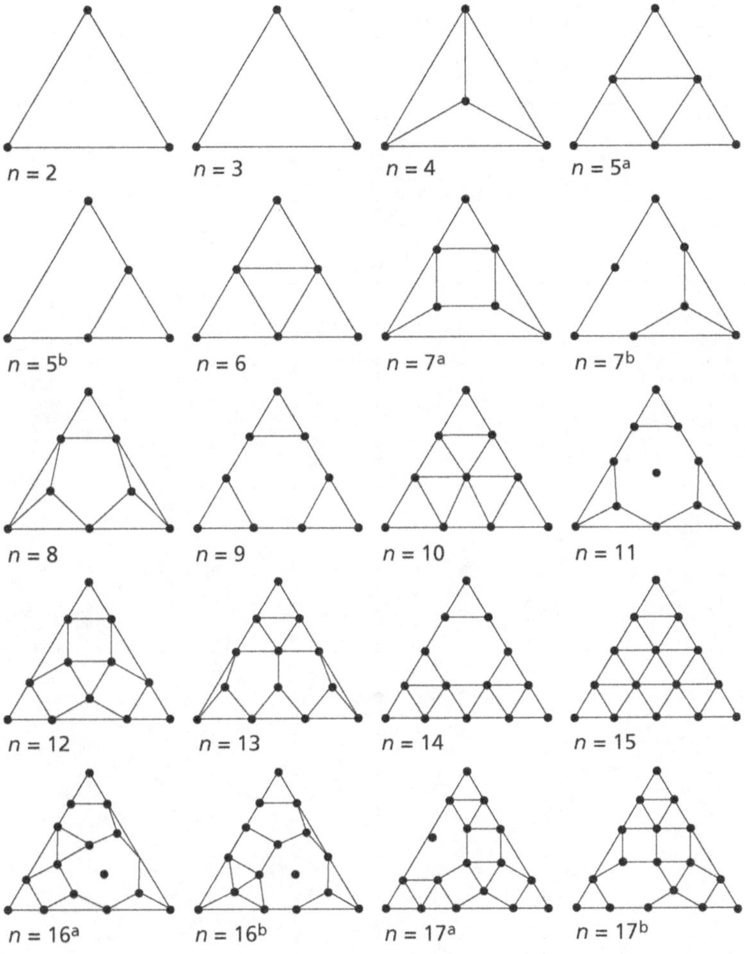

Figura 5.4
Arranjos de pontos em um triângulo equilátero para maximizar a separação mínima.

Podemos até aplicar a questão da embalagem a superfícies curvas. Em 1930, o botânico holandês P.M.L. Tammes se perguntou qual seria a disposição ideal de círculos na superfície de uma esfera. Melissen avalia uma variante do problema de Tammes, usando não uma esfera, e sim um hemisfério (Figura 5.5). Nesse caso, só temos resultados provados para 6 pontos ou menos, e apenas conjecturados para 7 a 15 pontos. Para os realmente ambiciosos, que tal embalar esferas em regiões tridimensionais?

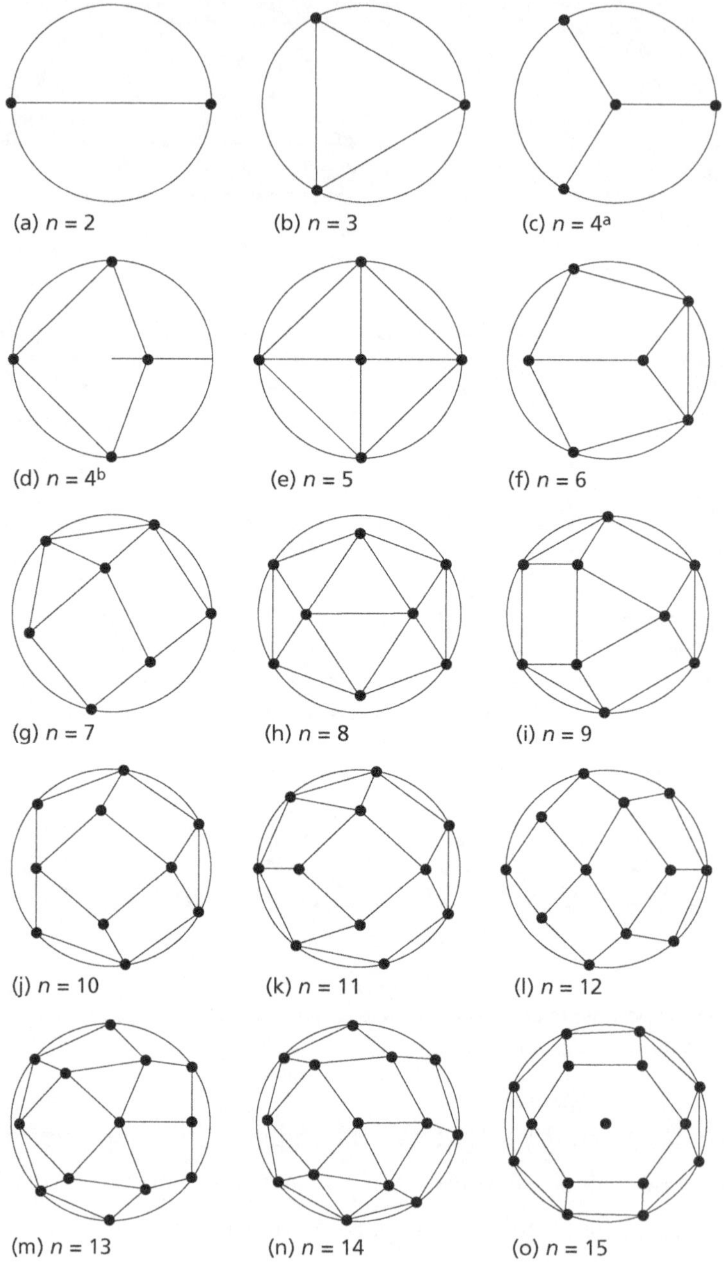

Figura 5.5
Arranjos de pontos em um hemisfério (visto de cima) para maximizar a separação mínima.

Eu mencionei possíveis aplicações físicas. Em 1985, A.A. Berezin publicou uma breve nota na revista *Nature* sobre configurações de energia mínima de partículas idênticas eletricamente carregadas dentro de um disco. Isso tem o mesmo teor matemático que a embalagem de círculos, porque as partículas repelem umas às outras, o que é bem parecido a tentarmos maximizar sua separação mínima. Entretanto, essa analogia não deve ser feita de maneira muito literal, porque o que realmente interessa aqui é o equilíbrio energético, e não a separação *em si*. O que o sistema minimiza de fato é a energia total. De qualquer forma, a intuição preponderante era a de que as cargas se repeliriam até atingirem a margem do disco, uma conclusão geralmente justificada por um resultado conhecido como o teorema de Earnshaw. Esse teorema afirma que nenhum corpo carregado pode estar em equilíbrio somente sob forças eletrostáticas, de modo que o equilíbrio requer a imposição de condições na margem do corpo. Os cálculos numéricos de Berezin, no entanto, mostravam que, entre 12 e 400 cargas eletrostáticas, a distribuição com uma delas no centro e o restante na margem tinha menos energia que quando todas elas estavam na margem.

A discrepância entre a intuição física e as computações de Berezin foi finalmente resolvida em favor da física — embora não houvesse nada de errado com a observação de Berezin. O fato é que o universo físico real não contém discos infinitamente finos. Das duas uma: ou o modelo matemático representa um corte transversal bidimensional de cargas lineares paralelas dentro de um cilindro, ou então o disco terá alguma espessura, ainda que pequena. No primeiro caso, a energia correta difere da computada por Berezin (deve se basear numa lei de força logarítmica, e não quadrática inversa). No segundo caso, o ponto central de fato migrará minimamente para fora do centro verdadeiro do disco, até chegar à margem mais próxima!

Dessa maneira, a matemática e a intuição se reconciliaram. Ainda assim, o problema continua sendo muito interessante; por exemplo, Melissen apresentou a primeira prova rigorosa de que os resultados numéricos de Berezin estavam corretos. Portanto, dificuldades técnicas à parte, ainda estamos progredindo bastante nessas questões elegantes e perturbadoras.

CORREIO

Dei-me conta de que deveria esclarecer melhor a minha observação de que "praticamente todas as informações que temos sobre essas questões datam de 1960 ou depois" quando um leitor se queixou — com uma amargura surpreendente — de que eu havia desconsiderado desdenhosamente o grande trabalho clássico de Gauss, Lagrange e outros, desmerecendo assim a herança intelectual do pensamento ocidental. Quando falei "nessas questões", referia-me a embalar objetos em regiões *finitas*, como num caixote quadrado. O trabalho clássico trata de embalar objetos no plano infinito; além disso, presume que os objetos formam um arranjo regular. Os problemas discutidos neste capítulo partem do pressuposto essencial de que a região tem extensão limitada, e a colocação dos círculos não precisa seguir nenhuma regularidade.

Diversos matemáticos e físicos me enviaram seus trabalhos de pesquisa. Um deles, escrito por Kari Nurmela (Universidade de Tecnologia de Helsinki), discute um problema relacionado, embora sutilmente diferente, mencionado quase ao final do capítulo: a distribuição de cargas pontuais num disco de modo a minimizar a energia total (com uma lei de repulsão quadrática inversa). O artigo está listado nas "Sugestões de leitura". Ele cita as melhores configurações conhecidas para qualquer número de cargas pontuais até 80, inclusive (anteriormente só haviam sido consideradas as configurações para no máximo 23, 29, 30 e 50). Como era de se esperar em termos físicos, os pontos se separam aproximadamente numa série de anéis concêntricos.

– 6 –
Xadrez interminável

As regras do xadrez contêm alguns adendos obscuros cujo objetivo é impedir que jogos sem propósito persistam indefinidamente. A ideia de uma sequência que não possua três repetições seguidas, surgida inicialmente no estudo da dinâmica, mostra que uma das propostas feitas para modificar essas regras não cumpre seu objetivo. Na verdade, ela permitiria que jogássemos para sempre sem mover sequer um peão.

Qualquer jogador de xadrez sabe que certos jogos simplesmente se encaminham a situações sem propósito nas quais nenhum jogador parece ser capaz de ganhar, onde nada de construtivo pode ser feito e não há nenhuma maneira evidente de terminar o jogo, a não ser oferecendo-se um empate. Mas e se o outro jogador não o aceitar? Nesse caso, o jogo poderá se estender indefinidamente. As comissões que estipulam as regras do xadrez já previram essas situações e propuseram muitas regras diferentes para forçar o término das partidas. A regra clássica diz que "o jogo terminará empatado se um jogador provar que já se passaram 50 jogadas de cada lado sem que ocorra um xeque-mate e sem que nenhum dos jogadores tenha capturado alguma peça ou movido algum peão".

No entanto, análises computadorizadas recentes mostraram que, em algumas situações no final do jogo, um dos jogadores poderá forçar uma vitória, mas para isso precisará de mais de 50 jogadas sem capturar qualquer peça nem mover nenhum peão, portanto as leis do xadrez são obrigadas a especificar certas situações particulares. Qualquer regra que determine um número máximo de jogadas permitidas sob condições específicas estará sujeita ao mesmo risco, portanto seria interessante se encontrássemos uma abordagem completamente diferente.

Uma proposta, feita algum tempo atrás, sugere que o jogo deverá terminar se a mesma sequência de jogadas, exatamente nas mesmas posições, for repetida três vezes seguidas. (Não confunda isso com a regra tradicional de que se a mesma *posição* ocorrer por três vezes, o jogador que se deparar com ela poderá pedir o empate. Mas note que esta lei não obriga o jogador a fazê-lo.) Pode ser uma sequência curta ou longa: a regra proposta teve o cuidado de não especificar a extensão.

Assim, se ocorrer qualquer violação dessa lei das "três jogadas seguidas", um jogador poderá solicitar o término do jogo. A questão é: existem jogos sem propósito que *não* a violam? É nesse momento que o modo matemático de enxergar o mundo encontra uma pergunta interessante. Um jogo de xadrez poderia continuar para sempre, sem que haja um xeque-mate e sem repetir a mesma sequência de movimentos três vezes seguidas? (Um jogo que continue para sempre certamente se trata de um jogo sem propósito.)

O xadrez é um tanto complicado, portanto qualquer matemático que se preze tentará simplificá-lo. Suponha que decidimos nos concentrar apenas em duas jogadas possíveis, representadas pelos símbolos binários 0 e 1. Uma sequência de 0s e 1s poderia continuar para sempre sem que nenhum bloco finito se repita três vezes seguidas?

De fato, existem muitas maneiras possíveis de gerarmos essa sequência, que chamarei de *sequência não tripla*. A primeira delas foi inventada por Marston Morse e Gustav Hedlund, enquanto investigavam um problema de dinâmica. Comecemos com um único 0. Depois dele deverá vir a sequência complementar (cada 0 transformado num 1 e vice-versa), que neste caso é apenas um 1, portanto ficamos com 01. Esta sequência deve então ser sucedida por sua sequência complementar, e assim por diante, formando uma sequência infinita como esta:

0
0**1**
01**10**
0110**1001**
01101001**10010110**

e o processo continua indefinidamente. Para facilitar, escrevi as sequências complementares em negrito.

Essa é genuinamente uma sequência não tripla, mas é difícil encontrarmos uma prova dessa propriedade. Temos uma outra sequência como essa, porém mais explícita, cuja prova é mais fácil de encontrar. Para descrevê-la, precisamos de alguma terminologia. Lembre-se que qualquer número par é múltiplo de 2, enquanto qualquer número ímpar situa-se uma unidade acima de um múltiplo de 2; posto de maneira mais simples, os números pares têm a forma $2m$, e os números ímpares têm a forma $2m + 1$.

Precisamos de uma terminologia semelhante para múltiplos de *três*. Digamos que um número é

contralto se for múltiplo de 3 (ou seja, se tiver a forma $3m$);
soprano se estiver uma unidade acima de um múltiplo de 3 (ou seja, se tiver a forma $3m + 1$);
barítono se estiver uma unidade abaixo de um múltiplo de 3 (ou seja, se tiver a forma $3m - 1$).

Portanto, todo número inteiro, segundo a nossa terminologia, é contralto, soprano ou barítono. Se um número for soprano (igual a $3m + 1$, para algum m), digamos então que m é seu *precursor*. Por exemplo, $16 = 3 \times 5 + 1$ é soprano, e seu precursor é 5, que é barítono.

Usando essa terminologia, podemos escrever uma receita para uma sequência que jamais repita um bloco três vezes seguidas:

- O primeiro termo é 0.
- O n-ésimo termo é 0 se n for contralto.
- O n-ésimo termo é 1 se n for barítono.
- Se n for soprano, com um precursor m, então o n-ésimo termo da sequência é igual ao m-ésimo termo.

As primeiras três regras nos dizem que a sequência tem a forma

010*10*10*10*10 ...

onde o padrão *10 se repete indefinidamente, e as entradas representadas pelos asteriscos ainda não estão determinadas. A quarta regra nos permite seguir em frente ao longo das entradas marcadas com asteriscos. Por exemplo, a entrada 4 é igual ao seu precursor, que é a entrada 1, que é um 0. A entrada 7 é igual ao seu precursor, que é a entrada 2, que é um 1; e assim por diante. Como os precursores são menores, seus valores já terão sido encontrados, portanto a quarta regra determina de fato todos os asteriscos.

Essas regras nos levam ao que chamaremos de *sequência coral*:

010 **0**10 **1**10 **0**10 **0**10 **1**10 **0**10 **1**10 **1**10 **0**10 **0**10 **1**10...

Agrupei os termos de três em três para mostrar a estrutura com maior clareza, e marquei em negrito os termos soprano. A sequência coral tem uma propriedade curiosa: os termos em negrito reproduzem exatamente a sequência inteira.

Existem muitas repetições *duplas* de blocos na sequência coral: por exemplo, ela começa com 010 010, e os 18 primeiros termos repetem duas vezes a sequência 010010110. Mas nenhum bloco se repete *três* vezes (veja boxe na p. 69), portanto ela satisfaz a nossa condição inicial.

Mas como é que isso nos ajuda no problema do xadrez? No jogo, temos muito mais que dois movimentos possíveis; e se escolhermos dois (digamos, avançar o peão do rei e mover a torre do rei três casas para a frente), não temos nenhuma certeza de que a sequência corresponde a jogadas *permitidas*. A maneira de contornarmos essa situação é bem simples; mas você talvez queira pensar nela antes de continuar a leitura.

Muito bem, aí vai. Suponha que os dois jogadores se restrinjam a mover, a cada jogada, um de seus dois cavalos para a frente e para trás, como na Figura 6.1. De acordo com sua posição atual, cada cavalo poderá fazer o movimento para a frente ou para trás. Suponha que os jogadores usem a sequência de 0s e 1s para determinar seus movimentos, de modo que "0" seja interpretado como "mover o cavalo do rei" (CRe) e "1" como "mover o cavalo da rainha" (CRa), desta forma:

0 Branco move CRe (frente)
1 Preto move CRa (frente)
0 Branco move CRe (trás)
0 Preto move CRe (frente)
1 Branco move CRa (frente)
0 Preto move CRe (trás)

e assim por diante.

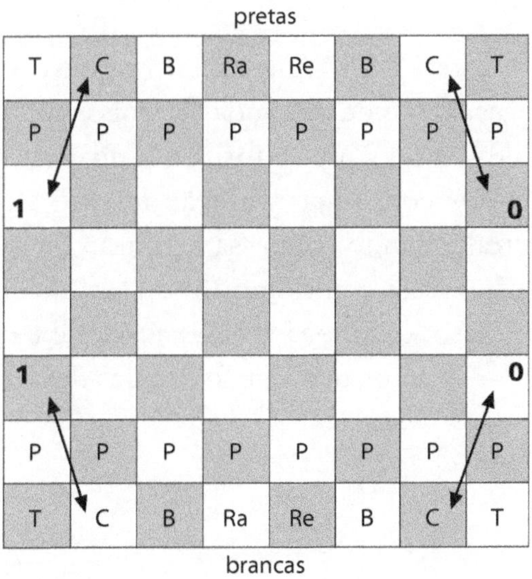

Figura 6.1
No jogo de xadrez interminável, apenas os cavalos se movem, para a frente e para trás entre duas casas. Os símbolos 0 e 1 mostram os movimentos da sequência coral com três repetições.

Não se trata de uma partida muito emocionante, mas é perfeitamente legítima — no sentido em que cada uma das jogadas é permitida. E pela sua relação com a sequência coral, fica claro que o jogo segue em frente indefinidamente, sem jamais repetir a mesma sequência de jogadas três vezes seguidas. De fato, o que é mais significativo, o jogo não repete a mesma sequência de *peças* (CRe ou CRa) três vezes seguidas. Portanto, se estivermos em busca de uma regra realmente sólida para terminar jogos sem propósito — uma regra que seja até à prova de jogadores que conspirem para jogar de maneira tola, porém legítima —, essa velha proposta não irá funcionar.

O problema em particular motiva os matemáticos a se fazerem perguntas relacionadas sobre sequências de símbolos. Por exemplo, existe uma sequência de 0s e 1s que jamais repita um bloco *duas* vezes seguidas? Será que a resposta muda se permitirmos o uso de mais símbolos, digamos, 0, 1, 2? Os matemáticos recreativos podem se divertir transformando perguntas assim em questões análogas sobre xadrez; por exemplo, um jogo legítimo de xadrez poderá continuar indefinidamente sem que nenhum bloco de jogadas se repita duas vezes seguidas?

Ainda assim, é improvável que toda essa matemática acabe por causar grandes mudanças nas regras do xadrez, pois os jogadores costumam ter um objetivo razoável em mente, e nós (ainda?) não sabemos como captar matematicamente essa condição.

Definir alguma coisa significa inscrever em limites muito rígidos ao seu redor. O meu ponto de vista pessoal é o de que todas as coisas realmente interessantes têm limites indistintos, que se tornam ainda mais indistintos quando tentamos firmá-los com uma definição formal. De fato, os advogados ganham a vida trabalhando com essa confusão de limites: até conceitos aparentemente límpidos como "morto" ou "mulher" podem ter limites incertos. Apesar disso, todo jogador de xadrez sabe o que é um jogo de xadrez "razoável" — muito embora não consiga *definir* o que é "razoável".

Prova de que nenhum bloco ocorre três vezes seguidas

Sejam os símbolos sucessivos 0 ou 1 os termos da sequência, e digamos que o n-ésimo termo é contralto, barítono ou soprano se n assim o for.

1. Nenhum bloco de comprimento 1 se repete três vezes, pois quaisquer três termos consecutivos devem conter um termo contralto e um termo barítono, que são diferentes.
2. Nenhum bloco de comprimento 2 se repete três vezes, porque quaisquer seis termos consecutivos contêm um bloco no formato 0*1, mas nem 010101 nem 101010 o contêm.
3. Se um bloco de comprimento 3 se repetir três vezes, deverá conter três termos soprano cujos precursores são todos iguais e consecutivos — o que é descartado pelo passo 1.
4. Se um bloco cujo comprimento for múltiplo de 3 — digamos, $3k$ — se repetir três vezes, então um argumento semelhante mostra que um bloco de comprimento k deve ter se repetido três vezes em algum momento anterior da sequência.
5. O único caso remanescente é o da repetição, por três vezes, de algum bloco que tenha comprimento menor ou igual a 4 e que não seja múltiplo de 3. Nesse caso, a prova se torna um pouco mais complicada. Para entender a ideia, suponha que o comprimento é 4, de modo que a sequência inclua um bloco na forma *abcdabcdabcd*. Um dos três primeiros termos deve ser contralto; suponha, por exemplo, que seja o termo *c*. Nesse caso, o bloco de fato será *ab*0*da***b**0*d***a***b*0***d***. Mas após o primeiro 0, também haverá um contralto — marcado em negrito — a cada três termos, portanto $b = a = d = 0$, e o bloco inteiro será igual a 000000000, o que é descartado pelo passo 1. Argumentos semelhantes valem para os casos em que *a* ou *b* sejam contraltos. Uma versão mais rebuscada do mesmo tipo de argumento vale para qualquer bloco cujo comprimento não seja múltiplo de 3.

CORREIO

A saga do xadrez interminável fez com que eu recebesse muitas cartas que esclareceram a história da sequência não tripla criada por Morse-Hedlund: 0110100110010110...

Jeffrey Shallit, da Universidade de Waterloo, escreveu (editei ligeiramente esta carta e deixei as referências no corpo do texto, em vez de removê-las para as "Sugestões de leituras"): "Atualmente, essa sequência costuma ser atribuída ao matemático norueguês Axel Thue, que escreveu sobre o problema da repetição numa série de artigos publicados a partir de 1906. Ele também provou que essa sequência não tinha *sobreposições*, o que é uma propriedade mais forte. A aplicação ao xadrez, que eu saiba, foi mencionada pela primeira vez no resumo de um artigo de Morse para o *Bulletin of the American Mathematical Society*, n.44, 1938, p.632. O artigo de D. McMurray, 'A mathematician gives an hour to chess', publicado na *Chess Review* de outubro de 1938, apresenta uma versão cômica da aplicação de Morse. Esse artigo foi reimpresso em Bruce Padolfini (ed.) *The Best of Chess Life Review*, n.1, 1933-1960, p.84. Recentemente, vários matemáticos observaram que a sequência estava contida implicitamente num artigo anterior de E. Prouhet, em *Comptes Rendus*, n.33, 1851, p.225."

I.J. Good, da Universidade Estadual da Virginia (Virginia Tech), observou que Machgielis ("Max") Euwe, campeão mundial de xadrez de 1935 a 1937, inventou a mesma sequência em "Set theory observations on chess", *Proceedings of the Academy of Sciences of Amsterdam*, n.32, 1929, p.633-42. Ele acrescenta que "Esse artigo me instigou a inventar (em 1943 ou 44) 'a ordem de reflexão' para o código de cinco unidades do teletipo: para maiores detalhes, veja meu artigo 'Enigma and fish' em *Codebreakers* (F.H. Hinsley e Alan Stripp, orgs.), Oxford University Press, 1993. Esse código é atualmente chamado de código de Gray, tendo sido inventado e patenteado independentemente por F. Gray para a conversão de mensagens analógicas para digitais".

– 7 –
Quods e quasares

Você consegue formar um quadrado antes que o seu adversário? Cada jogador tem 20 peças de uma certa cor, além de seis peças brancas. E o tabuleiro tem 117 quadrados. Ah, e não se esqueça: quando você decidir usar um de seus quods, não poderá mais usar seus quasares.

G. Keith Still é um cientista da computação cujo principal interesse profissional é a simulação de dinâmicas de multidões e a criação de barreiras de contenção adequadas. Keith é uma pessoa muito inventiva, e há alguns anos teve a ideia de um jogo matemático que chamou de Quod.

Quod é jogado num tabuleiro de 11 × 11 casas, do qual foram removidas as quatro casas dos cantos, o que nos deixa com 117 casas disponíveis. Os dois jogadores, preto e vermelho, têm 20 peças cada (chamadas quods) e seis peças brancas (quasares). Os jogadores se alternam colocando um de seus quods no tabuleiro, em casas vagas. O objetivo do jogo é fazer com que quatro dos seus quods formem os vértices de um quadrado, cujos lados poderão ser paralelos aos do tabuleiro ou então inclinados (Figura 7.1). Para vencer, o jogador deve gritar "quod!". Isso geralmente acontece quando o quarto e último vértice é colocado em posição, mas os jogadores às vezes não se dão conta de que formaram um quadrado por acidente. Nesse caso, poderão gritar "quod!" quando for sua vez de jogar. No entanto, se antes disso o outro jogador formar um quadrado e gritar "quod!", ele vencerá — os deslizes deverão ser corrigidos enquanto o jogo ainda estiver em progresso.

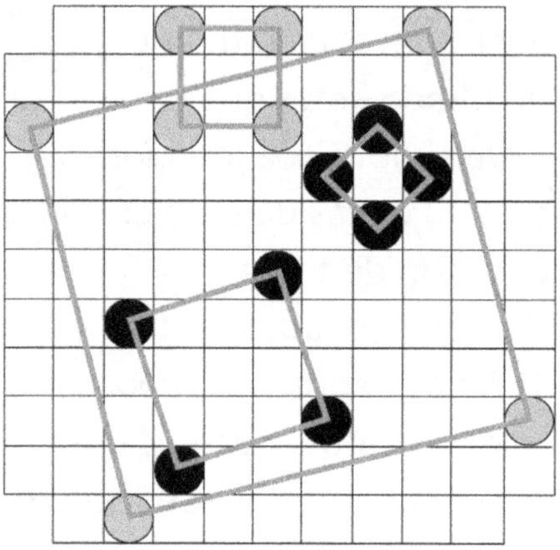

Figura 7.1
Alguns dos milhares de quadrados possíveis.

A Figura 7.2 mostra como o lado preto pode colocar uma série de quods de modo que, a cada etapa, o lado vermelho seja forçado a fazer uma jogada para impedir a formação do quadrado vencedor. Esse tipo de jogada forçada não gera um jogo muito interessante, e é aí que entra o outro tipo de peça, o quasar. A única função dos quasares é bloquear a formação dos quadrados inimigos — eles não contam para a formação de quadrados, e por isso são brancos para os dois jogadores. As regras para o uso dos quasares são:

1. Deve ser a sua vez de jogar.
2. Você pode colocar quantos quasares quiser (até o limite de seis), mas deverão ser jogados antes que você jogue o seu quod.
3. Depois de jogar seus quasares você deve jogar um quod, como sempre, e depois disso a sua vez se encerra.

Por fim, existem duas regras técnicas. Se, no último lance do jogo, um jogador deixar uma posição que forçaria uma vitória na próxima jogada (caso ainda houvesse quods por jogar), esse jogador é declarado vencedor de qualquer maneira. E se o jogo terminar sem que nenhum dos dois forme um quadrado, vence o jogador que houver utilizado o menor número de quasares. (Se os dois jogadores usarem o mesmo número de quasares, o jogo termina empatado.)

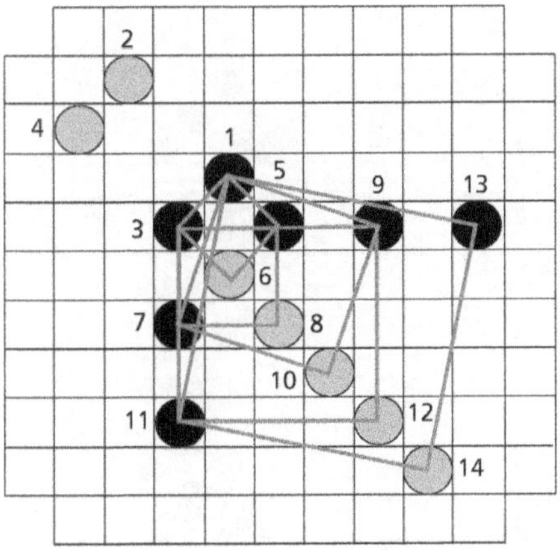

Figura 7.2
Uma sequência de movimentos que (na ausência de quasares) deixa as peças vermelhas na defensiva.

Por ser possível formar um grande número de quadrados, Quod é um jogo surpreendentemente complexo. Por exemplo, é relativamente fácil fazer uma jogada "dupla" — que crie simultaneamente dois possíveis quadrados. Quando digo "possíveis quadrados" refiro-me a um quadrado que já teve três de seus quatro vértices ocupados, restando somente o último. Seu oponente poderá bloquear a conclusão de vários possíveis quadrados usando quasares, mas a estratégia de criar quadrados duplos continua sendo boa para forçar o adversário a usar seus quasares. A experiência nos mostra que ocupar a célula central é uma boa jogada de abertura. Depois disso, você precisa estar atento à formação de possíveis quadrados (ou de quadrados acidentalmente completados!) em orientações incomuns e tomar cuidado com quadrados sobrepostos, que poderão levar a jogadas duplas para você ou para o seu adversário. A Figura 7.3 ilustra o desenrolar de um jogo, mostrando vários possíveis quadrados à medida que são formados.

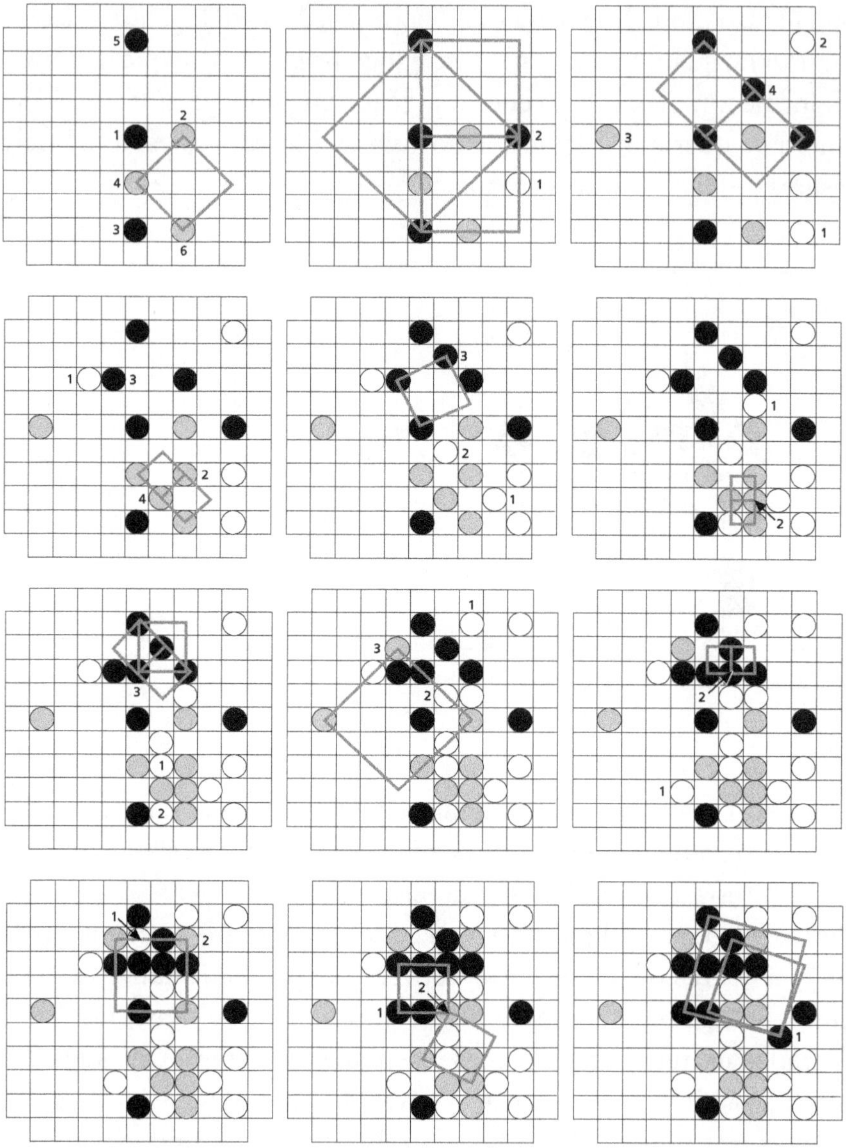

Figura 7.3

Exemplo de jogadas de Quod. Qualquer quadrado em potencial está desenhado. Os números indicam a ordem das jogadas, a começar da posição da jogada anterior indicada no diagrama. Aqui as peças pretas vencem ao forçar um quadrado duplo quando o jogador das vermelhas não tem mais quasares.

Quod tem muitas variantes, que levam a jogos prazerosos em circunstâncias distintas.

Tabuleiro reduzido. Para crianças pequenas, o jogo é mais manejável num tabuleiro pequeno, no qual o número de quasares deve ser reduzido de maneira correspondente (cinco quasares num tabuleiro de 10 × 10, quatro num de 9 × 9 e assim por diante).

Mais de dois jogadores. As regras são semelhantes, mas o número de quasares é reduzido. Com três jogadores, cada um tem quatro quasares; com quatro jogadores, cada um tem três; e com cinco ou seis, cada um tem dois.

Quod móvel. Este jogo é igual à disputa tradicional entre dois jogadores, mas cada um tem apenas seis quods e seis quasares. Depois que todos os quods forem jogados, cada jogada consiste em pegar um dos quods da sua cor e recolocá-lo em outra parte. Os quasares podem ser jogados a qualquer momento, como no jogo tradicional, mas depois disso não poderão mais ser movidos.

Duelo quod. Cada jogador tem quods de duas (ou mais) cores e joga um quod de cada cor por vez. Os jogadores só poderão gritar "quod!" quando formarem um quadrado com quatro quods da mesma cor.

Quod rápido. Cada jogador tem seis quods e seis quasares. A cada jogada, deve-se colocar um novo quod ou mover um dos já colocados. Os quasares são jogados como sempre, não podendo ser movidos depois de colocados.

Quod em duplas. Este jogo precisa de quatro jogadores, que formam duas duplas. Cada jogador se senta de frente para seu parceiro, ocupando os quatro lados do tabuleiro. Uma dupla de jogadores usa quods pretos, e a outra, quods vermelhos. As jogadas transcorrem em sentido horário. Não é permitido conversar — você deve entender a estratégia do seu parceiro antes que seus adversários. Mas é permitido mandar sinais (mexer os braços, bater com a cabeça na mesa, saltitar etc.).

CORREIO

No artigo original, chamei o jogo erroneamente de "Quad", associando-o aos quadrados, mas seu inventor Keith Still me lembrou que prefere o nome "Quod", como em "*Quod erat demonstrandum*", ou "Como se queria demonstrar" (corrigi o equívoco neste capítulo). O jogo ganhou uma quantidade considerável de admiradores, e uma revista sobre computadores distribuiu muitas cópias do jogo em versão eletrônica. David Weiblen programou o software e fez com que o computador jogasse centenas de partidas. A estratégia do programa consistia em avaliar as situações no tabuleiro com base numa série de regras que refletiam a força aparente de cada posição.

Nessas simulações, o primeiro a jogar sempre ganhava. Isso o levou a questionar se o jogo seria realmente tão interessante; eu me pergunto se as regras de avaliação que ele criou realmente constituem a melhor estratégia possível. Ele também observou que existem exatamente 1.173 quadrados possíveis, número confirmado por Les Reid (Universidade Estadual do Sudoeste do Missouri). Michael Kennedy (Universidade do Kansas), Ken Duisenberg (Hewlett-Packard) e Denis Borris mandaram soluções. Borris generalizou o resultado para o caso $n \times n$, cuja solução é $(n^4 - n^2 - 48n + 84)/12$, e Duisenberg apresentou o caso $m \times n$.

- 8 -
Provas de conhecimento zero

PINs, senhas, assinaturas eletrônicas... parece que hoje não podemos nem comprar um jornal sem que nos peçam uma prova de identidade. E quando fazemos isso, alguém pode observar nosso PIN, roubar nossa senha ou falsificar nossa assinatura. Existe uma alternativa: provar que sabemos de alguma coisa sem revelá-la.

Na era da internet, tornou-se importante mandar mensagens que transmitem certas informações ao destinatário escolhido sem revelar inadvertidamente outros fatos, seja ao destinatário ou a qualquer outra pessoa. Por exemplo, suponha que você quer pagar uma compra com seu cartão de crédito. Pode não ser uma boa ideia transmitir o número do cartão sem mais nem menos. Para que a mensagem funcione, o destinatário deverá transferir dinheiro sempre que receber um número de cartão de crédito válido. Mas alguém pode interceptar o número, ou até criar um programa de computador ilícito que colete números de cartão de crédito, usando-os para comprar produtos em contas alheias.

O uso de uma senha pessoal não aumenta em muito a segurança, porque ela também deve ser transmitida pela internet. A maior parte dos sistemas de segurança utiliza algum método de criptografia para confirmar que a mensagem veio de uma fonte legítima. Esses sistemas funcionam desde que o código seja seguro, e atualmente existem muitas ideias boas para a criação de tais códigos. Na verdade, certos códigos são tão seguros que alguns governos querem bani-los, porque permitiriam a criminosos enviar mensagens indecifráveis, mesmo se interceptadas. Por outro lado, grupos que defendem as liberdades civis querem proteger a privacidade da interferência dos governos.

Uma abordagem alternativa para a criptografia consiste em usar uma "prova (ou protocolo) de conhecimento zero". Trata-se de uma maneira de convencer o destinatário de que você conhece alguma informação crucial (como uma senha) sem precisar revelar exatamente que informação é essa. É surpreendente que tais protocolos possam existir; ainda assim, nos últimos anos, os criptógrafos conseguiram criar uma grande quantidade deles.

Podemos ilustrar com mais simplicidade o princípio envolvido se, em vez de falarmos de senhas pessoais, pensarmos em modos de colorir mapas. O aclamado teorema das quatro cores foi conjecturado em 1852 por Francis Guthrie, um estudante de pós-graduação da University College London. O teorema afirma que qualquer mapa num plano pode ser colorido com no máximo quatro cores de modo que países adjacentes nunca recebam a mesma cor; foi finalmente provado em 1976 por Kenneth Appel e Wolfgang Haken, da Universidade de Illinois. No entanto, se nos limitarmos somente a três cores, alguns mapas poderão ser coloridos, e outros não.

Suponha que a gerente do seu banco lhe mande um mapa excessivamente complexo, e você queira convencê-la de que sabe como colori-lo com três cores *sem* revelar as cores correspondentes a cada região. Nesse caso você pode construir um elaborado aparelho eletrônico controlado por duas telas sensíveis ao toque — uma no banco, a outra na sua casa. O aparelho é configurado para fazer o seguinte, e *apenas* o seguinte (ver Figura 8.1):

Primeiro, você programa na máquina o modo de colorir o mapa (digamos, tocando as regiões na tela — um toque para vermelho, dois para azul, três para amarelo).

A seguir, a gerente do banco escolhe a fronteira entre dois países. A máquina realiza uma permutação aleatória do seu esquema de cores —

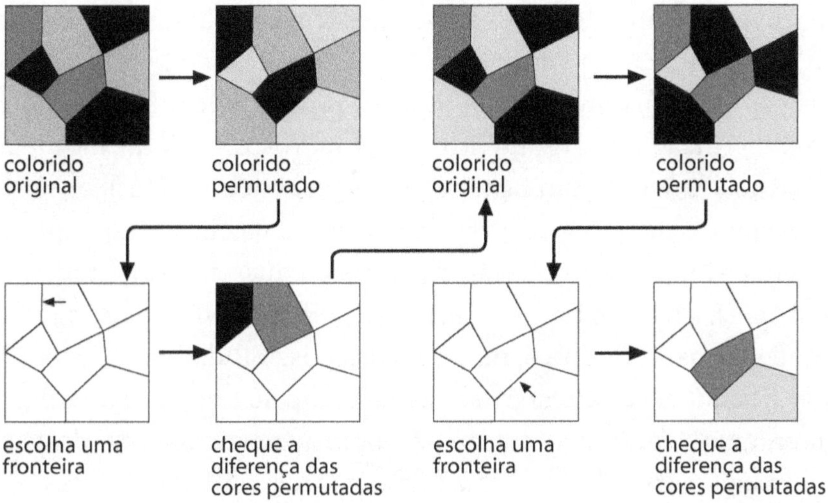

Figura 8.1
Modo de convencer a gerente do seu banco que você pode colorir um mapa com apenas três cores. Repita até que todos os lados sejam selecionados.

por exemplo, substituindo sistematicamente o seu vermelho pelo azul, o seu azul pelo vermelho, e deixando o amarelo como está. Existem seis maneiras possíveis de permutarmos as cores, e a gerente não sabe qual permutação a máquina escolheu. Então, a tela da gerente exibe as *novas* cores dos dois países adjacentes à fronteira selecionada, sem que nenhum dos demais países tenha sido colorido. Se a coloração original for válida, essas duas cores deverão ser diferentes.

A gerente repete então as mesmas operações até que todas as margens sejam testadas, sendo assim capaz de determinar se a sua afirmação, de que coloriu o mapa com três cores, é verdadeira. De fato, se a sua coloração original estiver errada, de modo que dois países adjacentes tenham a mesma cor, em algum momento a gerente do seu banco selecionará a fronteira entre eles e as duas cores permutadas reveladas pela máquina serão idênticas. Se, por outro lado, as cores permutadas em todas as fronteiras forem diferentes, o seu mapa original deverá ser válido.

Contudo, como as permutações são aleatórias, a gerente não terá como deduzir as cores originais. As respostas da máquina apenas confirmam que os diversos pares de países adjacentes têm cores diferentes no mapa: elas não dizem quais são as cores.

Os profissionais que trabalham com provas de conhecimento zero preferem utilizar um argumento mais rigoroso, baseado na ideia de "simulação". Imagine um sistema superficialmente idêntico, no qual as respostas da máquina não sejam determinadas pelo mapa que você escolheu, e sim por uma seleção aleatória de duas cores diferentes, que serão dispostas na tela. Esse sistema falso poderá gerar muitas sequências diferentes de pares de cores, mas uma das possibilidades corresponderá de fato à sequência de respostas baseadas no seu mapa. Suponha, por um momento, que a gerente do seu banco fosse capaz de desvendar o seu mapa a partir das respostas da máquina verdadeira. Nesse caso, ela também poderia desvendar o seu mapa na rara ocasião em que a máquina falsa gerasse as mesmas respostas. Porém, para a máquina falsa, não existe algo como o "seu mapa", portanto tal dedução seria impossível.

Observe agora que, se a gerente não for capaz de deduzir a sua coloração a partir das respostas da máquina, um observador ilegítimo tampouco poderá fazê-lo. Repare também que a gerente precisa acreditar que a máquina realmente funciona do modo como a descrevi, ou seja, que não está apenas exibindo pares aleatórios de cores.

Uma prova de conhecimento zero mais elaborada permite que você convença a sua gerente de que conhece os dois fatores primos p e q de um número específico $n = pq$, mas sem revelar que números são esses. Contanto que n seja um número bastante elevado — um bom tamanho seria com cerca de 200 algarismos —, não existe nenhum algoritmo capaz de encontrar os fatores p e q num tempo menor que o da vida do universo. Entretanto, existem algoritmos bastante rápidos para testar p e q, assegurando que são primos.

Portanto, a sua gerente pode escolher dois grandes números primos p e q, encontrar $n = pq$ e tratar p e q como uma espécie de senha (que você recebe ao abrir a conta no banco). Através de algum canal de comunicação apropriado, você poderá então convencê-la de que conhece essa senha sem divulgar p e q a ela ou a algum bisbilhoteiro. Esse método requer uma boa dose de teoria dos números (ver boxe na página seguinte), além de uma outra técnica chamada de "transferência cega".

Um canal de transferência cega permite que você envie à gerente do seu banco duas informações criptografadas de modo que (a) ela consiga decifrar e ler exatamente um dos itens; (b) você não saiba qual item ela foi capaz de ler; e (c) vocês dois tenham certeza de que (a) e (b) são verdadeiros. Existem algumas maneiras simples, baseadas na teoria dos números e sujeitas a algumas conjecturas plausíveis, de se construir um canal de transferência cega, mas não vou descrevê-las aqui. Para maiores detalhes, veja *A Course in Number Theory and Cryptography*, de Neal Koblitz.

Esse método precisa de certa preparação, e sua senha comum de quatro dígitos deve ser substituída por números de 100 algarismos, sobre os quais você deverá executar diversas operações aritméticas sem cometer nenhum erro. No entanto, qualquer laptop é mais que capaz de executar essa tarefa. Existem métodos mais práticos do que este que descrevi, mas não são tão fáceis de explicar. O que está claro é que, na era da comunicação digital, os sistemas de segurança devem ser capazes de *provar* que são seguros: experimentos, por si mesmos, não são convincentes. E quando você começa a pedir provas, está fazendo matemática.

Provando o conhecimento de fatores primos pela transferência cega

Vocês dois conhecem um número n, que é o produto $n = pq$ de dois números primos p e q, e vocês dois conhecem p e q. Uma fonte independente e confiável fornece a ambos uma sequência de bits aleatórios 0 ou 1, a partir dos quais você é capaz de gerar quaisquer números aleatórios necessários ao protocolo. Você poderá então convencer a gerente do seu banco de que conhece p e q sem revelar quais são. Este método utiliza a "aritmética modular", na qual os múltiplos de um número n específico, chamado de módulo, são identificados com o zero. Especificamente, a notação $y \bmod n$ representa o resto da divisão de y por n, para y e n inteiros. Com essa notação, o método funciona da seguinte maneira.

1. A fonte independente gera um número inteiro aleatório x e envia a você e à sua gerente o resto r da divisão de x^2 por n (ou seja, $r = x^2 \bmod n$).
2. Segundo a teoria dos números, r possui exatamente *quatro* diferentes raízes quadradas módulo n. Você usa o seu conhecimento de p e q para achá-las. Uma delas é x, e as outras três são $n – x$, y e $n – y$, para algum y. (Se você não conhecer p e q, não existe nenhum algoritmo eficiente para encontrar essas raízes quadradas; de fato, se você conhecer as quatro raízes quadradas poderá facilmente deduzir p e q.)
3. Você escolhe aleatoriamente um desses quatro números: vamos chamá-lo de z.
4. Você escolhe ao acaso um número inteiro k e envia à sua gerente o número inteiro $s = k^2 \bmod n$. Você determina então que $a = k \bmod n$, $b = kz \bmod n$ e envia esses dois números à sua gerente por transferência cega.
5. A gerente consegue ler exatamente uma dessas duas mensagens. Ela verifica que sua raiz quadrada mod n é s (se ela ler a mensagem a) ou rs (se ela ler a mensagem b).
6. Esses passos são repetidos T vezes. Ao final do processo, a sua gerente ficará convencida (com probabilidade igual a $1 - 2^{-T}$) de que você conhece a fatoração.

Observe que não há comunicação de volta da gerente para você; isto é, o protocolo não é interativo.

CORREIO

Tom Sales, de Somerset, Nova Jersey, enviou-me um comentário inspirado sobre as provas de conhecimento zero. Muitos anos atrás, Martin Gardner criou um jogo de cartas chamado "Eleusis", no qual um jogador inventa regras e os demais devem deduzi-las ao serem informados se cada jogada é legal ou ilegal. Na época, Sales inventou um jogo semelhante, "Alfa", no qual temos um camundongo que vive num quarto triangular. Em cada um dos cantos há uma série de lâmpadas coloridas. Alfa tem medo das luzes, correndo de um canto a outro segundo regras tais como: "Se a luz do meu canto for vermelha e a do próximo canto em sentido horário for verde, vou correr em sentido horário". Um jogador define as regras em segredo, e o(s) outro(s) tenta(m) deduzi-las testando combinações de lâmpadas e observando os movimentos do camundongo. Uma característica crucial do jogo é o fato de que as regras dependem somente do estado das lâmpadas em relação à posição atual do camundongo, de modo que a permutação dos cantos não altera as regras.

Agora, elimine o camundongo! Sem vê-lo, você não poderá deduzir as regras. Porém, em qualquer instante aleatório poderemos torná-lo visível, para que um observador verifique se as regras de fato estão sendo seguidas. Os movimentos do camundongo formam assim a base de um protocolo de conhecimento zero. Façamos agora com que os movimentos do camundongo representem uma mensagem, de modo que as regras de seu movimento atuem como um algoritmo de cifragem, e estamos diante de um sistema muito interessante, com um quê de conhecimento zero, para transmitir mensagens cifradas. Com mais algumas características adequadas — Sales recomenda a incorporação de seu sistema de códigos chamado "Ômega" —, o método parece praticamente indecifrável.

– 9 –
Impérios na Lua

No futuro distante... Todos os países da Terra possuem um território na Lua. Naturalmente, os líderes nacionais querem que os mapas utilizem a mesma cor para representar seus domínios na Terra e na Lua. E para evitar confusões, os territórios adjacentes, tanto na Terra como na Lua, deverão ter cores diferentes. Qual deverá ser o menor número de cores utilizado pelos cartógrafos? Por estranho que pareça, ninguém sabe.

A matemática intriga as pessoas no mínimo por três razões distintas: porque é divertida (a razão mais importante para sua inclusão neste livro), porque é bela e é útil. Existem graus de utilidade: uma ideia ou método matemático pode ser útil em alguma outra parte da matemática, no trabalho de cientistas teóricos, na bancada de um laboratório, no mundo da indústria e do comércio ou na vida cotidiana de cidadãos comuns.

Em minha opinião, um conceito matemático não precisa ser *diretamente* útil para justificar sua existência, ou então para justificar o gasto de dinheiro dos contribuintes de um país: a matemática é um todo coerente e integrado, e avanços numa área muitas vezes levam a avanços em outras — e *estes* avanços podem ser úteis, mesmo que a descoberta original não tenha sido. Sempre tive um gosto particular por ideias matemáticas que, à primeira vista, parecem completamente inúteis, embora afinal assumam uma utilidade prática direta. Tais exemplos são os melhores argumentos contra aqueles que tentam julgar a matemática com base em sua aparência superficial. É por isso também que prêmios do tipo Golden Fleece Award para as ciências inúteis são superficiais, tolos e equivocados.

O conceito de um "*m*-pério" é um desses exemplos. A princípio, parece apenas uma diversão inocente (e bastante despropositada), mas tem utilidades muito sérias — como veremos no próximo capítulo. Por ora, vou apenas apresentar a ideia e explicar brevemente sua matemática.

Imagine que o planeta Terra foi dividido em países separados que possuem, cada um, uma região de terra e mar. Além disso, cada país terráqueo anexou uma região na Lua, criando um império formado por duas regiões: uma na Terra, outra em seu satélite. Essas regiões cobrem completamente a superfície de cada um dos mundos. Qual é o menor número de cores com as quais poderemos colorir um mapa que represente *qualquer* disposição de territórios, de modo que os dois territórios de qualquer império recebam a mesma cor, e que regiões adjacentes sempre tenham cores diferentes — tanto na Terra como na Lua?

Não sabemos a resposta: ela é 9, 10, 11 ou 12. É um problema divertido, ainda que extremamente artificial.

Será um produto inútil de intelectuais presos numa torre de marfim?

De maneira alguma.

Em 1993, Joan P. Hutchinson, da Faculdade Macalester, em St. Paul, Minnesota, publicou uma pesquisa meticulosa sobre essas questões na *Mathematics Magazine*. Numa seção do artigo, ela descreveu uma aplicação do problema da coloração de mapas Terra/Lua ao teste de circuitos impressos, descoberta por pesquisadores dos Bell Labs, da AT&T, em Murray Hill. A conexão entre os dois temas não é nem um pouco óbvia, mas fácil de entender. Os conceitos que utiliza são interessantes para os matemáticos recreativos e, de toda forma, merecem ser mais bem divulgados. O primeiro deles é a chamada "espessura" de um grafo.

Neste capítulo descreverei a matemática dos mapas, impérios e grafos, explicando no que consiste a "espessura". No próximo, vamos dar uma olhada em sua aplicação aos circuitos impressos eletrônicos.

Um *mapa* é um arranjo de regiões, seja no plano ou numa superfície como a da esfera. Cada região é uma única porção contínua do plano ou da superfície, e as regiões fazem contato entre si por meio de fronteiras comuns, que são curvas. Muitas vezes temos pressupostos adicionais — por exemplo, o de que nenhuma região está inteiramente cercada por outra.

Um *grafo* é um diagrama formado por diversos pontos, chamados *vértices* ou *nodos*, unidos por linhas chamadas *arestas*. Os grafos são mais simples e abstratos que os mapas.

No entanto, podemos representar qualquer mapa designando um vértice a cada região e unindo dois vértices por uma aresta, se e somente se as regiões correspondentes tiverem uma fronteira comum (Figura 9.1). Imagine os vértices como as capitais dos países e as arestas como rodovias que unem as cidades de países adjacentes, cruzando sua fronteira comum. Esse é o *grafo do mapa*, que representa as regiões com fronteiras comuns, desconsiderando diversas complicações que trariam distrações para a análise, como os formatos das regiões. Em muitos casos os formatos não importam, sendo assim mais fácil nos livrarmos deles completamente — daí o grafo do mapa.

Dizemos que um grafo é *planar* se puder ser desenhado no plano sem que ocorra nenhum cruzamento de arestas. Se começarmos com um mapa no plano, seu grafo será obviamente planar. Mais surpreendente

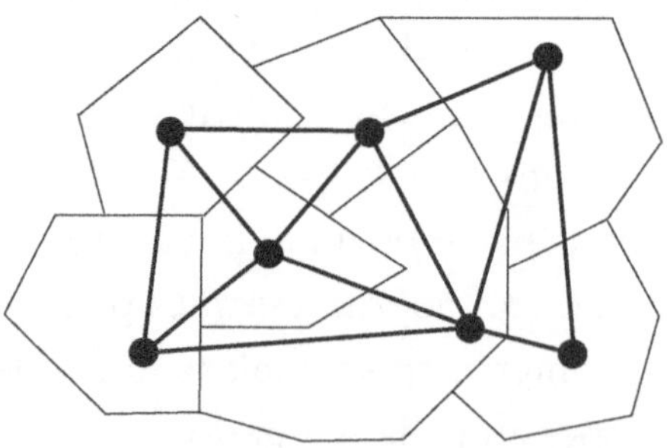

Figura 9.1
Um mapa e seu grafo correspondente.

é o fato de que, se o mapa for desenhado numa esfera, ou em diversos planos e esferas desconectados — como no caso dos mapas Terra/Lua —, o grafo resultante *ainda* será planar. Para entender por que, imagine um mapa desenhado numa esfera. Ponha um vértice em cada região, e sempre que duas regiões tiverem uma fronteira comum, conecte os vértices correspondentes com arestas. O resultado é um grafo que pode ser desenhado numa *esfera* na qual não ocorrem cruzamentos de arestas. Porém, qualquer grafo como esse poderá ser aberto e estendido sobre um plano. Para fazer isto, imagine que recortamos um pequeno buraco na esfera, que não esteja ocupado por nenhum dos vértices ou arestas do grafo. Agora, imagine que a esfera é feita de um material elástico. Você poderá puxar esse buraquinho, tornando-o cada vez maior. O resto da esfera se estica e deforma, carregando o grafo com ela. Se puxarmos o suficiente, poderemos aplaná-la, formando um disco. Apoiando o disco num plano, teremos agora um grafo do mapa num plano, sem nenhum cruzamento de arestas.

Se o mapa for desenhado em diversas esferas, faremos exatamente o mesmo em cada uma delas, apoiando os discos resultantes no mesmo plano, sem sobreposições. O grafo resultante será desconectado — formado por vários pedaços, um para cada esfera —, mas essa é uma característica bastante comum dos grafos, permitida por sua definição, portanto não há problema.

Um grafo importante para este capítulo é o *grafo completo* K_n, que possui n vértices e uma aresta unindo cada par de vértices distintos. A Figura 9.2 ilustra K_5. Se n for maior ou igual a 5, o grafo K_n *não* será planar.

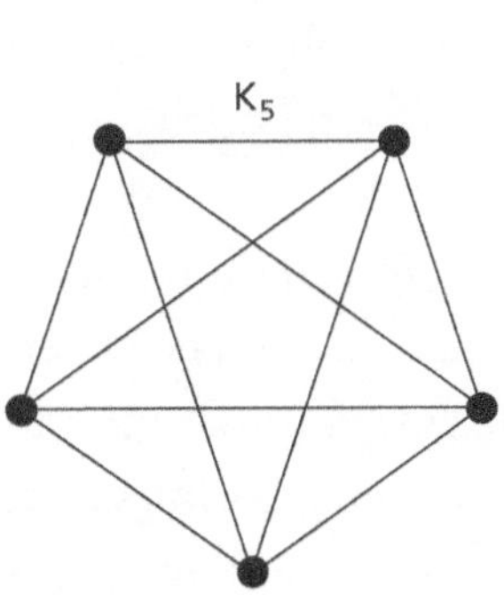

Figura 9.2
Um grafo completo K_n não planar.

Dizemos que um mapa (num plano, esfera, várias esferas, onde seja) é *colorível por k* se suas regiões puderem ser coloridas, usando-se não mais que *k* cores, de modo que as regiões que possuam curvas fronteiriças comuns recebam cores diferentes. (Regiões que se encontrem somente num ponto, ou em infinitos pontos, podem, se necessário, receber a mesma cor.) A propriedade análoga para um grafo utiliza ideias muito parecidas. Um grafo é colorível por *k* se seus vértices puderem ser coloridos, usando-se não mais que *k* cores, de modo que vértices unidos por uma aresta recebam cores diferentes. É fácil perceber que um mapa é colorível por *k* se e somente se seu grafo for colorível por *k*. Basta colorirmos cada capital — cada vértice no grafo — com a mesma cor de seu país.

O menor *k* possível é chamado de *número cromático* do grafo: ele nos informa o número mínimo de cores diferentes necessárias para colorir esse grafo — e, portanto, para colorir o mapa correspondente, caso se trate do grafo de um mapa. É evidente que o número cromático de K_n é n, pois cada vértice está unido a todos os demais, portanto não poderá haver dois vértices da mesma cor.

A matemática vem estudando problemas de coloração há cerca de um século. O resultado mais conhecido é o famoso teorema das quatro cores, que afirma que todos os mapas no plano podem ser coloridos com quatro cores. Percy Heawood provou, há muito tempo, que todos os mapas planares podem ser coloridos com cinco cores: como já comentado, em 1976 esse número foi reduzido a quatro por Kenneth Appel e Wolfgang Haken, num impressionante trabalho que combinou análise matemática e extensas buscas e cálculos computadorizados. Até hoje não se conhece qualquer prova que dispense o amplo uso de computadores, embora a prova de Appel-Haken tenha sido consideravelmente simplificada. Além disso, têm sido estudadas muitas generalizações — entre elas, a dos mapas Terra/Lua que mencionei no começo deste capítulo.

Um problema bastante relacionado ao dos mapas Terra/Lua foi apresentado por Percy Heawood em 1890. O problema se passa apenas na Terra, mas, nele, cada país faz parte de um império que contém um máximo de *m* países, e todos os países de certo império devem ser coloridos com a mesma cor, de modo que as regiões adjacentes sempre tenham cores diferentes. (Presume-se que os países de um mesmo império não fazem fronteira uns com os outros.) Esse tipo de mapa é chamado de *m*-pério. Heawood provou que qualquer *m*-pério pode ser colorido com 6*m* cores, para qualquer $m \geq 2$.

Como o *m*-pério é um tipo particular de mapa, possui um grafo associado, com um vértice por país. No entanto, não podemos mais dizer que cada coloração válida do grafo corresponde a uma coloração do império. Isso ocorre porque as regras habituais de coloração do grafo não preenchem a condição de que os vértices do mesmo *império* devem receber a mesma cor. É difícil lidarmos com essa situação usando o grafo do mapa. Em vez disso, podemos modificar a construção do grafo para que as regras de coloração se corrijam automaticamente.

Veja como.

O *grafo do m-pério* associado a um certo mapa do *m*-pério tem um vértice para cada império (e não para cada região). Se isso parece confuso, pense no vértice como uma representação do imperador. Dois vértices são unidos por uma aresta se e somente se os impérios correspondentes contiverem ao menos um par de países adjacentes. Poderíamos pensar no grafo do *m*-pério como o "grafo de invasão" dos imperadores cujos impérios podem entrar em guerra numa fronteira comum. Um vértice por imperador, uma aresta para cada guerra possível entre dois impérios.

Conceitualmente, obtemos o grafo do *m*-pério a partir do grafo comum identificando todos os vértices de um certo império — desenhando-os exatamente no mesmo lugar. Essa construção muitas vezes gera arestas múltiplas — dois vértices unidos por diversas arestas, em vez de uma só. Removemos então essas arestas supérfluas, deixando apenas uma.

Ao identificarmos todos os vértices de um certo império, automaticamente os forçamos a receber a mesma cor, portanto o número de cores necessárias para um *m*-pério é igual ao número cromático de seu grafo.

Em 1983, Brad Jackson (Universidade Estadual de San José) e Gerhard Ringel (Universidade da Califórnia, Santa Cruz) usaram essa abordagem para provar que o número 6*m* do teorema de Heawood não pode ser reduzido. Eles chegaram a esse resultado ao demonstrarem que podemos encontrar um *m*-pério que seja representado pelo grafo completo K_{6m}.

Como K_{6m} certamente precisa de $6m$ cores, existe um m-pério que não pode ser colorido com menos de 6m cores.

Existem conexões entre os mapa Terra/Lua e os mapas de m-périos. De fato, podemos entender o mapa Terra/Lua como um tipo particular de 2-pério, com uma geometria implícita ligeiramente curiosa (duas esferas) que divide todos os 2-périos em duas partes. Seu grafo, na verdade, é formado por dois grafos planares desconectados — a Figura 9.3.a exemplifica um dos arranjos possíveis. (O formato arredondado não tem nada a ver com a Terra ou com a Lua: lembre-se que qualquer grafo numa esfera, ou em várias esferas, pode ser deformado e apoiado num plano. É apenas mais fácil mostrar aqui a estrutura do grafo usando arestas curvas.)

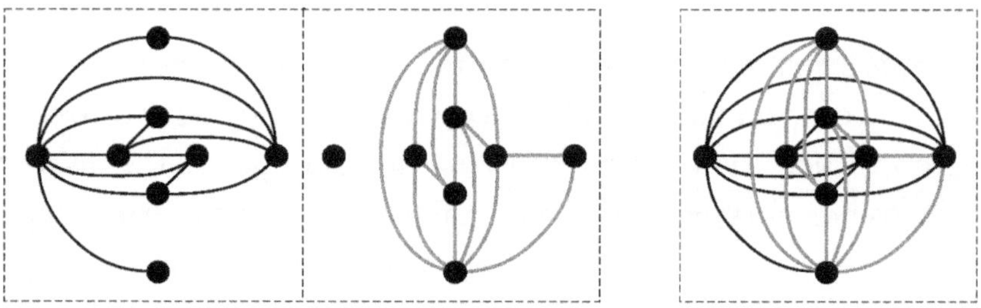

(a) (b)

Figura 9.3

(a) Grafos para territórios terrestres e lunares de um conjunto de oito impérios.
(b) Identificação de vértices correspondentes para criar o grafo do 2-pério correspondente.

Suponha agora que pensemos neste grafo Terra/Lua como o grafo de um 2-pério, de modo que os vértices que pertencem ao mesmo império sejam identificados entre si, gerando a Figura 9.3.b. Podemos ver que o grafo resultante não mais será necessariamente planar. De fato, este aqui não é.

Porém, o grafo é "quase planar". O modo como é construído mostra que podemos separar suas bordas em dois subgrupos, e cada um deles forma um grafo planar no conjunto original de vértices. Neste caso, os dois subgrupos são as arestas das Figuras 9.3.a e 9.3.b.

Dizemos que esse grafo tem espessura 2. Em geral, um grafo tem espessura e se pudermos separar suas arestas em e subconjuntos, e não menos, de modo que cada subconjunto forme um grafo planar. Ocorre que todos os grafos de mapas são planares, mesmo quando seus mapas correspondentes se situam em esferas. Um mapa Terra/Lua é formado por dois mapas planares separados: um na Lua, o outro na Terra. Cada império é representado exatamente uma vez em cada um desses mapas. Portanto, todos os grafos Terra/Lua têm espessura 2; um pedaço planar na Terra, o outro na Lua. A recíproca também é verdadeira: todos os grafos de espessura 2 correspondem a um mapa Terra/Lua (embora seus territórios talvez não cubram completamente os dois mundos: pode haver regiões que não pertençam a nenhum dos impérios).

Como o grafo Terra/Lua é um tipo especial de grafo de um 2-pério, o teorema de Heawood determina que 12 cores são *suficientes* para qualquer grafo Terra/Lua. Contudo, não podemos concluir diretamente que 12 cores também serão necessárias. Isso ocorre porque nem todos os 2-périos correspondem a mapas Terra/Lua. No mapa Terra/Lua, cada império tem uma região na Lua e uma na Terra. Se pensarmos nisso como um 2-pério, então as regiões formam duas "ilhas" separadas, e existe exatamente uma região de cada império em cada ilha. Por outro lado, um 2-pério é formado por uma certa quantidade de pares de regiões, que não precisam estar dispostas de modo a formar duas ilhas — e mesmo que estejam, alguns impérios podem ter seus dois territórios na mesma ilha.

Na verdade, *nenhum* dos grafos de 2-périos conhecidos que realmente precisam de 12 cores pode ser transformado num mapa Terra/Lua. Portanto, é possível que *menos* de 12 cores possam sempre ser suficientes para grafos Terra/Lua.

Por exemplo, o grafos completos K_9, K_{10}, K_{11} e K_{12} são todos grafos de 2-périos, mas possuem espessura 3, portanto não podem ser grafos Terra/Lua (porque estes possuem espessura 2). De fato, a espessura de K_n é 3 se $n = 9$ ou 10; caso contrário, é o maior inteiro que não exceda (também chamado de "piso" de) (n + 7)/6.

A Figura 9.3b, na verdade, representa o grafo completo K_8, portanto K_8 tem espessura 2. Isso significa que K_8 pode ser representado como um grafo Terra/Lua, o que prova que, no problema Terra/Lua, são necessárias no mínimo 8 cores. Rolf Sulanke (Universidade Humboldt de Berlim)

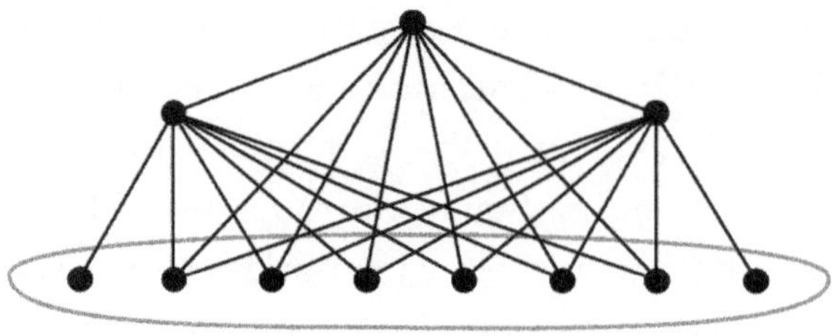

Figura 9.4
Grafo de Sulanke de espessura 2, que requer 9 cores.

aumentou esse limite inferior para 9 ao mostrar que o grafo da Figura 9.4 tem espessura 2 e número cromático 9.

O conceito de espessura, portanto, é a ideia matemática profunda por trás do enigma recreativo dos mapas Terra/Lua. Você talvez queira pensar em mapas Terra/Lua/Marte, nos quais cada imperador tenha *três* territórios, um em cada mundo. Esses mapas são tipos particulares de mapas de 3-périos, e seu grafo correspondente tem espessura 3. Em geral, um grafo de espessura *e* pode ser entendido como o grafo do *e*-pério de um sistema de impérios galácticos numa coleção de *e* planetas.

Os problemas que envolvem a coloração de mapas podem ser muito divertidos — mas é difícil encontrar um significado prático evidente para eles. Mesmo que tivéssemos impérios planetários, os geógrafos sempre poderiam colorir seus mapas por tentativa e erro — e, em todo caso, talvez não queiram seguir a nossa regra de coloração. No próximo capítulo, veremos que *existem* aplicações para o conceito de espessura; entretanto, não são traduções literais da imagem do "mapa". Em vez disso, aplicam-se ao teste de circuitos eletrônicos.

A matemática é abstrata e geral: a mesma ideia tem muitas concretizações. Algumas são mais divertidas que outras — e algumas são mais práticas que outras.

- 10 -
Impérios e a eletrônica

Se para você o capítulo anterior não passou de uma abstração absurda, sem nenhuma aplicação concebível, pense novamente. Essa abstração leva a um método incrivelmente eficiente para testarmos circuitos eletrônicos em busca de curtos-circuitos. Enquanto o método óbvio exige a execução de centenas de milhares de testes, o método baseado nos impérios lunares requer menos de uma dúzia.

No capítulo anterior, analisamos diversos problemas de coloração de mapas, relacionando-os aos grafos: diagramas nos quais unimos pontos chamados "vértices" por meio de linhas chamadas "arestas". Uma boa ideia matemática possui muitas interpretações diferentes no mundo real. Embora os problemas ligados à coloração de mapas pareçam frívolos, a matemática subjacente a eles é útil na indústria e no comércio. Em particular, o conceito da "espessura" de um grafo, ao qual fomos levados pelo cenário improvável dos mapas de impérios na Terra e na Lua, encontrou recentemente sua utilidade na fabricação de circuitos eletrônicos. Vou descrever agora essa aplicação, descoberta por pesquisadores dos Bell Labs da AT&T, em Murray Hill. É utilizada no teste de placas de circuito impresso para localizar curtos-circuitos e é incrivelmente eficiente, reduzindo uma quantidade impraticável de testes, digamos, 125.000, a apenas quatro.

Lembre-se que um grafo é planar se puder ser desenhado no plano sem que ocorram cruzamentos de arestas. Depois dos grafos planares vêm os de espessura 2 — aqueles cujas arestas podem ser separadas em dois conjuntos tais que cada um deles, contendo todos os vértices, seja planar. Um grafo tem espessura 3 se suas bordas puderem ser separadas em três conjuntos como esse, e assim por diante. Você pode pensar num grafo de espessura 2 como uma espécie de "sanduíche". Numa fatia de pão, desenhamos as arestas do primeiro conjunto, sem nenhum cruzamento; na segunda fatia desenhamos as demais arestas, novamente sem nenhum cruzamento. Os vértices formam o recheio (Figura 10.1). Um grafo que precisa de *e* fatias de pão tem espessura *e*.

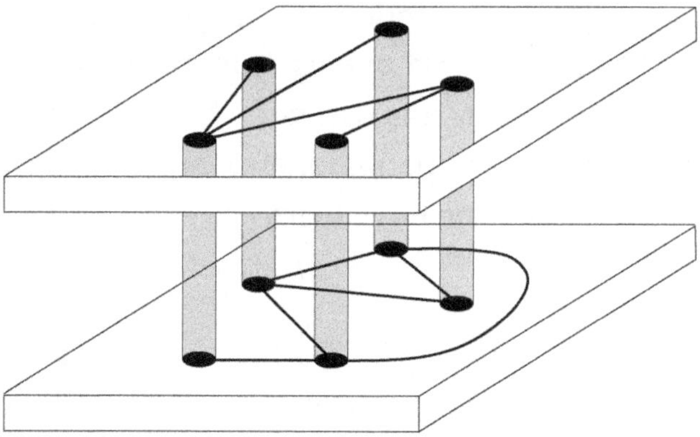

Figura 10.1
Um grafo K_5 completo com cinco vértices representado como um sanduíche. Cada fatia do pão é um grafo planar, e os vértices, o recheio. O grafo K_5 surge se o sanduíche for visto de cima, sobrepondo as duas fatias.

Essa imagem esclarece a relevância dos grafos e suas espessuras para os circuitos eletrônicos. Para começar, pense num circuito eletrônico também como um grafo. Os vértices são os componentes eletrônicos e as arestas são as conexões elétricas. Se o circuito impresso for construído num dos lados de uma placa, deverá ser planar para evitar curtos-circuitos. Se usarmos os dois lados da placa — como as duas fatias de pão no sanduíche —, obtemos grafos de espessura 2. Usando várias placas podemos aumentar a espessura do grafo. Considerações semelhantes também se aplicam ao mundo hipertecnológico dos chips de silício, porque os circuitos VLSI (da sigla em inglês para Circuitos Integrados em Alta Escala) precisam ser construídos em camadas.

Uma placa típica possui um arranjo de 100 × 100 orifícios — os números exatos variam — aos quais podemos ligar componentes. Tais orifícios são unidos por linhas verticais ou horizontais que podem ser recobertas com "trilhos" de material condutor que conectam os componentes. Um problema sério para os fabricantes de placas é detectar as que trazem conexões incorretas — porções adicionais de trilhos que resultam na ligação elétrica de componentes que deveriam permanecer isolados.

Por questões práticas, os fabricantes dispõem os componentes de uma placa em "redes". Uma rede é uma coleção de componentes conectados por trilhos que não formam voltas fechadas (Figura 10.2). Numa placa bem construída, redes diferentes não devem se conectar eletricamente. O problema que nos interessa é determinar, de maneira eficiente, se ocorreu a ligação acidental de redes distintas por algum pedaço de trilho — um "curto-circuito".

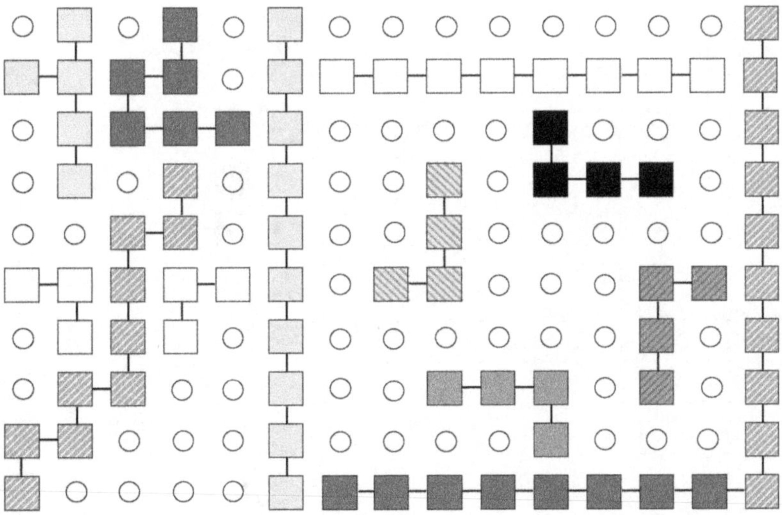

Figura 10.2
Uma placa eletrônica simples. Os círculos são orifícios para os componentes, os quadrados são componentes. Grupos de quadrados conectados são redes.

A maneira mais óbvia de fazê-lo é verificar todos os pares de redes em busca de conexões. O método mais simples utiliza um "aparelho de teste", com o qual se cria um circuito que corre de uma rede ao pólo positivo de uma bateria, e do pólo negativo, passando por uma lâmpada, a uma segunda rede (Figura 10.3). Se as duas redes estiverem inadvertidamente conectadas pelos trilhos da placa, haverá fluxo de corrente e a lâmpada se acenderá. Do contrário, a lâmpada permanecerá apagada. É claro que um aparelho real usaria uma eletrônica mais sofisticada — como um computador ligado a um robô que descarte automaticamente as placas defeituosas, sem lâmpada nenhuma —, mas essa é a ideia básica.

Infelizmente, essa abordagem não é prática. Com n redes, o método precisa realizar $n(n - 1)/2$ testes — o número de pares de redes. Como uma placa típica tem 500 redes, estamos falando de 125.000 testes por placa, um número totalmente impraticável. Vou agora convencê-lo de que, aplicando o conceito da espessura do grafo, podemos reduzir rapidamente o número de testes a apenas 11. Na verdade, pensando um pouco mais,

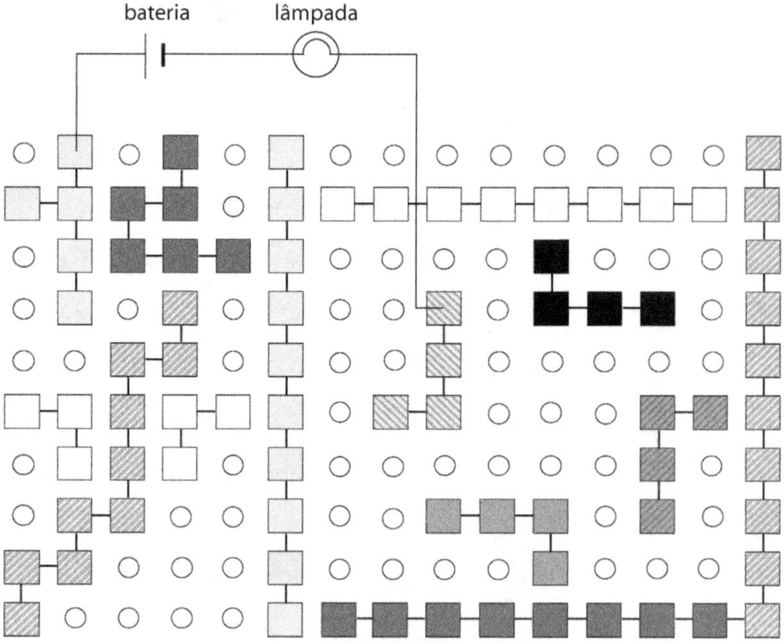

Figura 10.3
Teste para curto-circuito entre a rede vermelha e a rede verde.

é possível reduzir esse número a apenas quatro. Dessa forma, podemos testar todas as placas com rapidez e eficiência, de modo a descartarmos as que tiverem curtos-circuitos acidentais.

O ponto de partida para esses aprimoramentos consiste em transformar a estrutura da placa num grafo. A ideia é definirmos o grafo mais *simples* que nos forneça informações sobre curtos-circuitos entre as diferentes redes: vamos chamá-lo de *grafo de redes* do circuito. O critério de simplicidade torna a construção do grafo de redes um pouco mais sutil. Por exemplo, como estamos tentando descobrir se existem ou não curtos-circuitos entre as diferentes *redes*, não faz sentido pensarmos em cada vértice do grafo de redes como um componente individual do circuito. Em vez disso, associamos cada vértice a uma rede. As arestas do grafo representam os curtos-circuitos possíveis, e não reais — pois se soubéssemos onde estão os verdadeiros curtos-circuitos, não precisaríamos testar o circuito. Para ser mais preciso, uniremos dois vértices do grafo de redes por uma aresta sempre que as redes correspondentes forem "adjacentes" — ou seja, sempre que puderem ser conectadas por linhas retas horizontais ou verticais que não atravessem nenhuma outra rede intermediária (Figura 10.4).

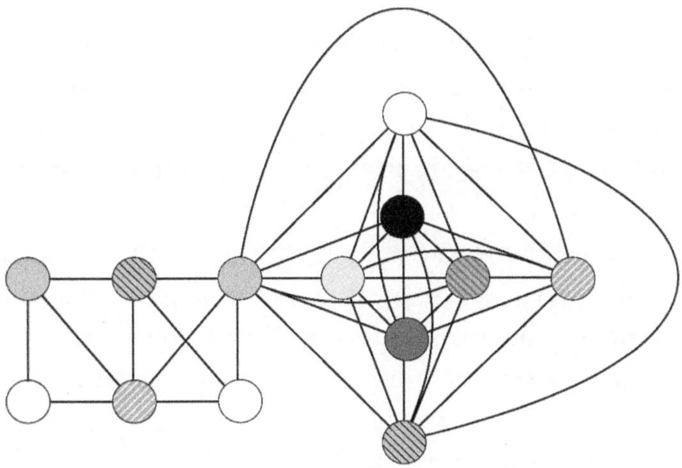

Figura 10.4
Grafo de rede para o circuito da Figura 10.2. A cor dos nodos representa a cor das redes. O gráfico tem 8 cores de modo que nenhum vértice tenha a mesma cor. O teorema de Heawood garante colorir sem repetição de cor no vértice, mas com 12 cores.

Deixe-me explicar essa escolha, que é parcialmente pragmática.

Em princípio, poderia haver curtos-circuitos conectados a redes não adjacentes. No entanto, quase todos esses curtos-circuitos deveriam *também* conectar-se a redes adjacentes, graças ao modo como os circuitos são construídos. No processo de fabricação típico, a máquina trabalha sobre a placa em duas etapas: uma para imprimir as conexões horizontais, outra para imprimir as verticais. Os erros ocorrem quando a máquina aplica um excesso de material condutor, ligando acidentalmente duas redes que deveriam permanecer desconectadas: vou chamar tal erro de "defeito de fabricação". Existem outras maneiras possíveis de criarmos curtos-circuitos, gerando placas defeituosas, mas são muito mais raras que os defeitos de fabricação, portanto podemos ignorá-las.

Como as conexões são impressas na forma de linhas horizontais ou verticais, qualquer defeito de fabricação deverá criar alguma ligação indesejada entre duas redes adjacentes. A linha extra de material condutor poderá correr através de diversas outras redes, mas as duas primeiras que ligar serão necessariamente adjacentes (Figura 10.5). Em outras palavras, podemos detectar defeitos de fabricação buscando curtos-circuitos entre redes *adjacentes*. Nesse sentido, as arestas do grafo de redes correspondem aos possíveis erros de fabricação. A condição que determina que não haverá redes intermediárias simplifica o grafo, mas não perde de vista os demais erros possíveis: em vez de procurar todos os curtos-circuitos, procura apenas os curtos-circuitos "mínimos".

Já falei anteriormente que o grafo cujos vértices são formados pelos *componentes* das placas têm espessura 2 — uma para cada lado da placa. O grafo de redes também tem espessura 2, pelo mesmo motivo. Também mencionei um teorema demonstrado por Percy Heawood: qualquer grafo de espessura m poderá ser colorido com $6m$ cores. Com $m = 2$, deduzimos que qualquer grafo de espessura 2 poderá ser colorido com 12 cores. Isto é, cada vértice pode receber uma dentre 12 cores, de modo que vértices unidos por uma aresta sempre tenham cores diferentes. Portanto, o teorema de Heawood determina que o grafo de redes de

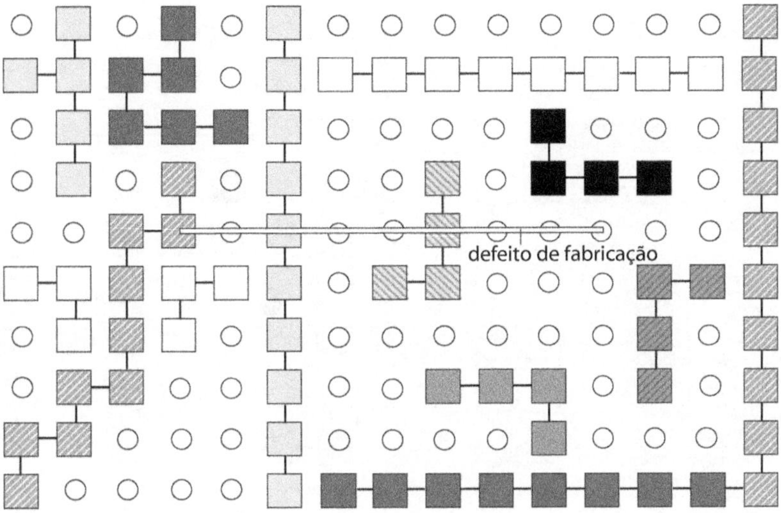

Figura 10.5
Qualquer curto-circuito causado por um defeito de fabricação conecta a redes adjacentes, mesmo que também conecte outras.

qualquer placa pode ser colorido com 12 cores. Podemos transferir essa coloração (conceitualmente) às redes da placa. Assim, cada uma das redes pode receber uma das 12 cores de modo que não existam redes adjacentes com a mesma cor.

Como estamos em busca de curtos-circuitos que liguem redes adjacentes, podemos restringir a nossa busca a curtos-circuitos entre redes de cores diferentes. Além disso, para descobrirmos se existe um curto-circuito, podemos agrupar todas as redes de cada cor, da seguinte maneira. Para cada uma das 12 cores uma "sonda" foi construída. A sonda é uma estrutura ramificada feita de material condutor que, ao entrar em contato com a placa, conecta todas as redes de uma mesma cor (Figura 10.6). Suponha que escolhamos duas cores — vermelho e verde, por exemplo. Ligamos as sondas vermelha e verde à placa, mantendo-as separadas para que a corrente elétrica não passe de uma para a outra, *exceto*, talvez, ao longo dos trilhos condutores da placa. Agora, conectamos uma bateria e uma lâmpada às duas sondas, unindo-as, e vemos se existe alguma corrente elétrica.

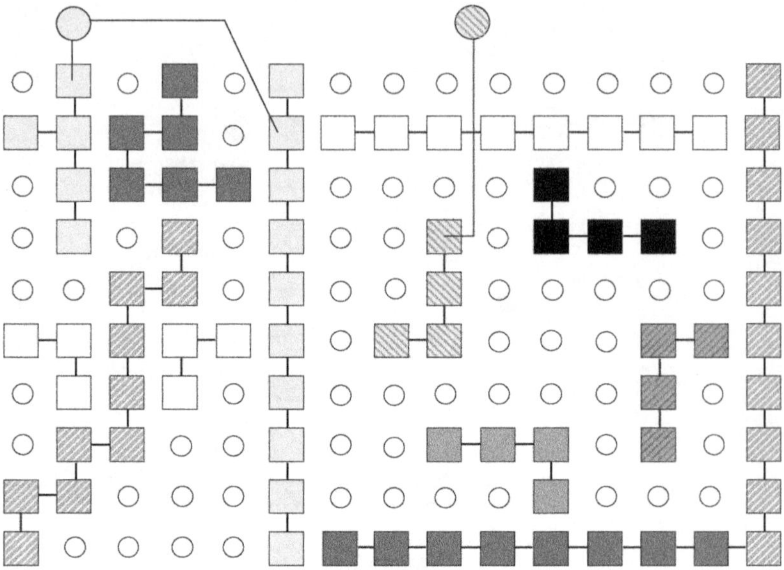

Figura 10.6
Conexão de duas sondas: uma a todas as redes vermelhas, e outra a todas as redes verdes (neste caso, apenas uma).

Se a placa estiver bem construída, não haverá corrente, porque a sonda vermelha se conecta somente às redes vermelhas, a verde se conecta somente às redes verdes, e não deveria haver nenhuma conexão entre redes vermelhas e verdes na placa. No entanto, se a placa contiver algum defeito de fabricação que ligue uma rede vermelha a uma verde, detectaremos uma corrente elétrica entre as duas sondas. Acontece que qualquer defeito de fabricação na placa necessariamente conecta duas redes adjacentes, que devem ter cores diferentes. Portanto, ao testarmos a placa usando as duas sondas correspondentes, observaremos uma corrente elétrica no aparelho de teste.

Observe que esse teste não nos mostra onde está o erro. Porém, como descartaremos quaisquer placas defeituosas, em lugar de consertá-las, não precisamos dessa informação. O resultado é que, para detectarmos a presença de um defeito de fabricação, basta verificarmos a existência de conexões elétricas — causadas pelo material extra na placa — entre todos os possíveis pares de *sondas*. Como só temos 12 sondas, o número de pares entre elas é de 12 × 11/2 = 66. Portanto, em vez de realizarmos 125.000 testes ou mais, precisamos de apenas 66 — o que já é um grande avanço.

Entretanto, podemos facilmente aperfeiçoar o processo (Figura 10.7). Testamos a sonda 1 com a sonda 2 e jogamos fora quaisquer placas com conexões entre elas. Agora, adicionamos uma "ponte" para conectar as sondas 1 e 2. Testamos a sonda 3 para verificar se ela se conecta ao circuito formado pelas sondas 1 e 2, unidas pela ponte. Se isso ocorrer, então a sonda 3 se conecta à sonda 1 ou à 2. Em ambos os casos trata-se de um defeito, portanto simplesmente jogamos a placa no lixo. Agora, acrescentamos uma segunda ponte ligando a sonda 3 às duas anteriores e continuamos dessa maneira. Isso reduz o número de testes a apenas 11.

Allen Schwenk (Universidade de Michigan Ocidental, Kalamazoo) percebeu que poderia fazer mais uma redução. Para isso, devemos escrever os números 1, ..., 12 em notação binária: 0001 a 1100. Agora, construímos uma "supersonda" que conecte todas as sondas que começam

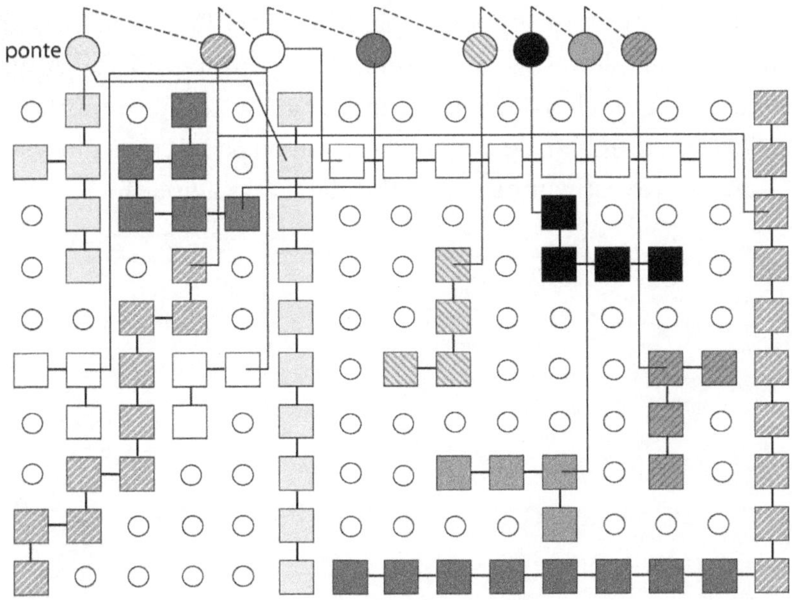

Figura 10.7
Substituição de um sistema completo de sondas por pontes intercambiáveis.

com 0; construímos outra que conecte as que começam com 1. Testamos a existência de conexões entre essas duas supersondas. Se estiverem conectadas, jogamos a placa fora. Se não, criamos outras duas supersondas que conectem as sondas que possuam o mesmo algarismo binário na segunda casa. Verificamos se essas duas se conectam. Fazemos o mesmo para a terceira e a quarta casa da notação binária. Pronto. Para entender por que o processo funciona, observe que, se duas sondas diferentes estiverem unidas por um curto-circuito, então suas expressões binárias deverão diferir em ao menos uma das quatro casas, portanto algum dos quatro testes detectará o defeito.

Naturalmente, poderá haver outros erros na placa, mas os que eliminamos com este método são muito mais comuns. E uma redução de 125.000 testes *por placa* para apenas quatro é bastante valiosa quando estamos lidando com uma produção razoavelmente grande — porque só precisamos construir essas complicadas sondas e supersondas *uma vez* para cada tipo de placa. Na verdade, uma sonda/supersonda "programável" poderia cobrir qualquer eventualidade.

No capítulo anterior, começamos com um enigma recreativo sobre como colorir mapas em impérios na Terra e na Lua. Agora, acabamos com uma técnica de testes que economiza o dinheiro de fabricantes de placas de circuitos eletrônicos. Na matemática, o que importa não é a concretização particular de uma ideia, e sim os panoramas que essa ideia abre quando a investigamos com habilidade e imaginação.

- 11 -
Ressuscitando o baralho

Embaralhe as cartas, embaralhe as cartas, embaralhe as cartas, embaralhe as cartas, embaralhe as cartas, embaralhe as cartas, embaralhe as cartas, embaralhe as cartas, embaralhe as cartas... Opa, voltamos ao ponto de partida. É o pesadelo do jogador de pôquer tornado realidade. A teoria dos números explica por que isso acontece.

Na maior parte dos jogos de cartas, a primeira coisa que fazemos é embaralhar as cartas. O objetivo de embaralhá-las, naturalmente, é tornar aleatória a ordem em que aparecem... Porém, de acordo com o método utilizado, poderemos atingir o objetivo oposto. Se as cartas forem embaralhadas de maneira perfeita *demais*, os resultados talvez não sejam nem um pouco aleatórios. Os ilusionistas exploram esse efeito em alguns de seus truques; os jogadores talvez queiram evitá-lo.

Como exemplo, vamos analisar um método comum de embaralhamento — na verdade, duas variantes bastante relacionadas — e descobrir o que podemos fazer com eles. Especificamente, vamos analisar o método no qual o baralho é dividido em duas partes iguais que são então entrelaçadas alternadamente. Os ilusionistas norte-americanos chamam esse método de *Faro*, e os ingleses de *weave* ("entrelaçar"). Como as duas partes nas quais dividimos o baralho têm o mesmo tamanho, o número de cartas do baralho precisa ser par. (Podemos considerar um método análogo com um número ímpar de cartas, no qual uma das partes tem uma carta a mais que a outra; porém, para simplificar, vou ignorar essa possibilidade.)

Vejamos o efeito provocado por esse método. Um baralho completo, de 52 cartas, é um pouco complicado; portanto, para começar, suponhamos que meu baralho tenha apenas 10 cartas, numeradas de 0 a 9. Vamos posicioná-las de modo que, inicialmente, todas as cartas estejam viradas para baixo e o baralho esteja disposto em ordem numérica de cima para baixo, desta forma:

0 1 2 3 4 5 6 7 8 9

Para embaralhá-las, dividimos o baralho entre as cartas 4 e 5 e intercalamos as duas partes. Assim, obtemos a ordem

0 5 1 6 2 7 3 8 4 9

se a carta de cima sair da metade superior do baralho, ou

5 0 6 1 7 2 8 3 9 4

se a carta de cima sair da metade inferior do baralho. Dizemos que, no primeiro caso, embaralhamos as cartas *para fora*, e, no segundo, *para dentro*.

A teoria do embaralhamento para dentro e para fora foi estudada em profundidade por Persi Diaconis (Standford), Ron Graham (Bell Labs) e Bill Kantor (Universidade de Oregon) num artigo publicado na revista *Advances in Applied Mathematics*, em 1983. Eles também compilaram informações sobre a história dos métodos de embaralhamento. A primeira referência escrita ao método que estamos utilizando data de 1726, num livro chamado *Whole Art and Mystery of Modern Gaming*, de autor desconhecido. Em 1843, J.H. Green descreveu o mesmo método aos norte-americanos em *An Exposure of the Arts and Miseries of Gambling*, mostrando como poderia ser usado para trapacear no jogo de Faro. Ilusionistas aprenderam sobre esse método de embaralhar com *Thirty Misteries*, de C.T. Jordan, publicado em 1919. O fazendeiro Fred Black, de Nebraska, um dos primeiros a utilizar o método, costumava praticar a técnica montado num cavalo, e desvendou boa parte da matemática dos embaralhamentos sucessivos num baralho de 52 cartas. Alex Elmsley, cientista da computação radicado em Londres, publicou em 1957 muitos dos principais teoremas para baralhos de qualquer tamanho. O matemático francês Paul Levy antecipou alguns dos resultados de Elmsley nos anos 1940, e Solomon Golomb, o inventor do famoso quebra-cabeça Pentominoes®, provou mais alguns resultados em 1961.

A análise pode ser reduzida puramente às cartas embaralhadas para dentro, o que simplifica consideravelmente a descrição, se estivermos dispostos a retirar (conceitualmente) duas cartas do baralho. Especificamente, embaralhar as cartas para fora é o mesmo que embaralhá-las para dentro num baralho com duas cartas a menos — basta removermos a primeira e a última carta do baralho original.

Para entender como funciona essa redução, considere o baralho de 10 cartas mencionado acima. Se tomarmos as cartas 0 e 9 na ordem original e marcarmos as demais em negrito, ficamos com

0 **1 2 3 4 5 6 7 8** 9

Após embaralharmos as cartas para fora, ficamos com

0 **5 1 6 2 7 3 8 4** 9,

e podemos ver que todas as cartas, exceto 0 e 9, mostradas em negrito, foram embaralhadas para dentro, enquanto 0 e 9 ficaram no mesmo lugar.

Seguindo o raciocínio inverso, podemos transformar um embaralhamento para dentro em um para fora se acrescentarmos duas cartas ao baralho, uma no início e outra no final. Em muitos casos, essa conexão permite que consideremos apenas um dos dois métodos; assim, vamos nos concentrar no embaralhamento para dentro. A principal questão que nos interessa neste capítulo é: o que acontece com as cartas se as embaralharmos para dentro várias vezes seguidas? Será que ficam cada vez mais misturadas?

Vejamos o que acontece no baralho de 10 cartas. Estes são os resultados das primeiras etapas:

Etapa 0: 0 1 2 3 4 5 6 7 8 9
Etapa 1: 5 0 6 1 7 2 8 3 9 4
Etapa 2: 2 5 8 0 3 6 9 1 4 7
Etapa 3: 6 2 9 5 1 8 4 0 7 3
Etapa 4: 8 6 4 2 0 9 7 5 3 1
Etapa 5: 9 8 7 6 5 4 3 2 1 0

Portanto, embora a princípio a ordem pareça ficar mais confusa, depois de embaralharmos as cartas cinco vezes sua ordem se inverteu perfeitamente! Está claro que se embaralharmos as cartas mais cinco vezes a ordem se inverterá novamente, "ressuscitando" a ordem original. Concluímos assim que o embaralhamento para dentro, aplicado repetidamente a dez cartas, executa um ciclo que percorre somente dez ordens diferentes. Isso é uma fração minúscula das 3.628.800 maneiras diferentes de ordenarmos as dez cartas.

O fato de que o número de repetições necessárias para retornarmos à ordem original seja igual a dez, o mesmo que o número de cartas, é uma coincidência; mas não podemos dizer o mesmo do fato de que *algum* número de repetições restaura a ordem original.

Se você experimentar o mesmo tipo de cálculo com diferentes tamanhos (pares) de baralhos, descobrirá que as cartas *sempre* voltam à ordem original, em algum momento, se forem embaralhadas repetidamente para dentro. No entanto, o número de repetições necessárias não é tão óbvio: depende do número de cartas de uma maneira bastante irregular.

Primeiro, vamos ver por que uma quantidade suficiente de repetições acaba por restaurar a ordem das cartas. A Figura 11.1 ilustra o movimento de cada carta em um embaralhamento para dentro. Por exemplo, o lugar da carta 0 é tomado pela carta 5, o da carta 1 pela carta 0 e assim por diante. Seguindo as setas, vemos que as cartas tomam os lugares umas das outras na seguinte ordem:

$$0 \to 5 \to 2 \to 6 \to 8 \to 9 \to 4 \to 7 \to 3 \to 1 \to$$

repetindo-se novamente a partir do zero. As dez cartas formam um único "ciclo", e a cada etapa se movem um passo à frente nesse ciclo. Como o ciclo contém dez cartas, vemos que depois de dez etapas todas as cartas retornam ao ponto de partida.

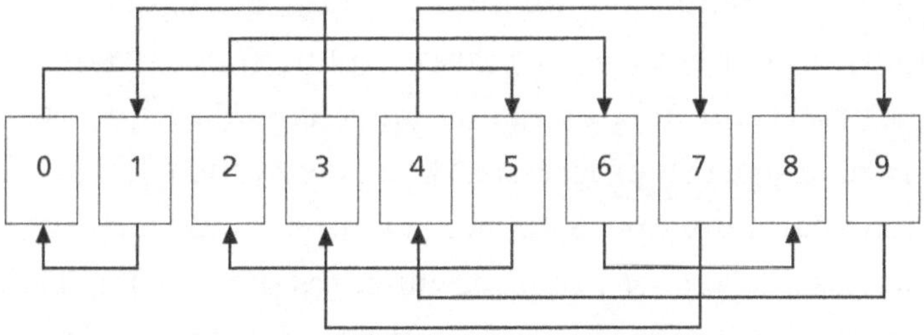

Figura 11.1
Como um embaralhamento para dentro faz circular um baralho de 10 cartas.

Uma característica incomum deste baralho é a existência de apenas um ciclo. Um caso mais típico é o do baralho de 8 cartas (Figura 11.2). Neste caso, temos dois ciclos:

$$0 \to 4 \to 6 \to 7 \to 3 \to 1 \to$$

repetindo-se a partir do 0, e

$$2 \to 5 \to$$

repetindo-se a partir do 2. O primeiro ciclo se repete após seis etapas, o segundo após duas. Quando o primeiro ciclo atingiu sua primeira repetição, após seis etapas, o segundo ciclo se repetiu pela terceira vez. Isto é,

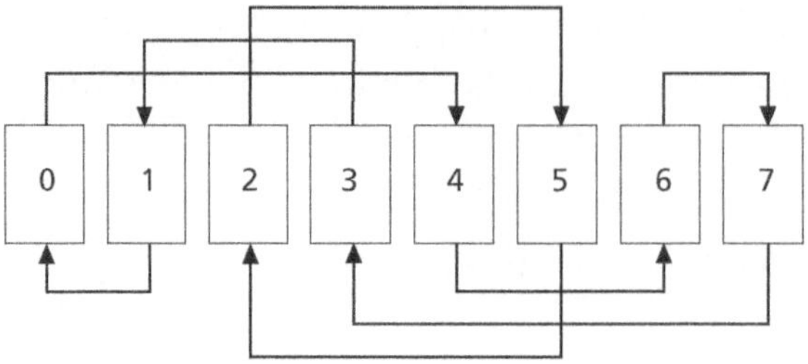

Figura 11.2
Como um embaralhamento para dentro faz circular um baralho de 8 cartas.

após seis etapas, *ambos* os ciclos se repetem. Portanto, o baralho de 8 cartas retorna à ordem original depois que o embaralhamos para dentro seis vezes seguidas.

Independentemente do número de cartas e da regra *fixa* que utilizemos para embaralhá-las, seu progresso ao longo do baralho poderá ser reduzido a uma certa quantidade de tais ciclos. Por quê? Comece em qualquer carta e siga seu progresso. Como o baralho é finito, a carta acabará por retornar a uma posição que já ocupou anteriormente. A partir dessa etapa, passará a repetir seus movimentos prévios. Um ciclo, porém, deve se repetir do *começo*. Pelo que vimos até agora, nada impede que uma carta se mova aproximadamente da seguinte maneira:

$$0 \rightarrow 5 \rightarrow 2 \rightarrow 6 \rightarrow 8 \rightarrow 2 \rightarrow 6 \rightarrow 8 \rightarrow 2 \rightarrow 6 \rightarrow \ldots$$

com um ciclo de repetição $2 \rightarrow 6 \rightarrow 8 \rightarrow$ preso ao final de um trecho $0 \rightarrow 5 \rightarrow$ não repetido.

Podemos ter certeza de que, quando a carta repete pela primeira vez uma posição prévia, está repetindo sua posição *inicial*? A resposta é sim, e o motivo para isso é o fato de que qualquer embaralhamento é reversível — pode ser "desfeito" se embaralharmos as cartas "de volta no tempo". Se a primeira repetição não fosse na posição original, poderíamos voltar uma etapa atrás até encontrarmos uma repetição anterior. Pelo mesmo motivo, um ciclo não pode "cair" em outro ciclo. Portanto, cada carta executa exatamente um ciclo.

Após conhecermos os ciclos, existe uma maneira simples de descobrirmos quantas etapas são necessárias para que o baralho inteiro "ressuscite", voltando à ordem original. Os ciclos possuem diversas extensões, e as cartas de cada um deles repetem suas posições após um número de etapas igual à extensão do ciclo. Suponha, a título de discussão, que os ciclos possuam extensões 3, 5 e 7. O primeiro ciclo se repete sempre que o número de etapas for divisível por 3. O segundo se repete sempre que o número for divisível por 5. O terceiro, sempre que for divisível por 7. Portanto, para que todos os ciclos se repitam, o número de etapas deve ser divisível por 3, 5 e 7. O menor número divisível pelos três divisores é $3 \times 5 \times 7 = 105$, obtido pela multiplicação das extensões dos ciclos.

Essa regra se mantém independentemente da quantidade de ciclos — isto é, qualquer que seja o número de cartas, desde que finito. Às vezes, uma repetição ocorre antes — por exemplo, tomemos o baralho de 8 cartas. Nele, os ciclos possuem extensões 2 e 6, mas a ordem das cartas se repete após seis etapas. Também se repetirá após $2 \times 6 = 12$ etapas, mas esse não é o menor número necessário. Generalizando, podemos encontrar o menor número de etapas necessário para a repetição determinando o mínimo múltiplo comum das extensões dos ciclos; ou seja, o menor número divisível por todas elas. Todas as cartas voltarão às suas posições originais após esse número de etapas.

Por exemplo, suponha que os ciclos tenham extensões 10 e 14. As cartas do ciclo de extensão 10 voltarão às suas posições originais nas etapas 10, 20, 30, 40, 50, 60, 70 e assim por diante. Já as cartas do ciclo de extensão 14 voltarão às suas posições originais nas etapas 14, 28, 42, 56, 70 e assim por diante. O primeiro número comum a ambos os conjuntos — o mínimo múltiplo comum de 10 e 14 — é 70. Assim, na 70ª etapa *todas* as cartas voltam aos seus lugares originais.

Dessa forma, quando embaralhamos as cartas para dentro, elas sempre se repetirão, por maior que seja o baralho. No entanto, o número de vezes necessário para que surja a repetição não segue um padrão óbvio — o fato de que um baralho de 10 cartas demore dez etapas para se repetir, um número igual ao tamanho do baralho, *não* é típico. Por exemplo, baralhos de 4, 6, 8, 10, 12, 14, 16, 18, 20, 22 e 24 cartas precisam ser embaralhados 4, 3, 6, 10, 12, 4, 8, 18, 6, 11 e 20 vezes, respectivamente, para retornar à ordem original.

Embora não exista um padrão *óbvio*, ainda assim existe um padrão. Mas você precisa estudar teoria dos números para vislumbrá-lo! Funciona da seguinte maneira. Vejamos o caso das 8 cartas. Acrescentemos uma unidade ao tamanho do baralho, de modo a ficarmos com 9. A seguir, vamos formar potências sucessivas de 2, dividi-las por nove e encontrar os restos:

potência	1	2	3	4	5	6
valor	2	4	8	16	32	64
resto	2	4	8	7	5	1

O resto é igual a 1 para a sexta potência — e o número de etapas necessário para "ressuscitar" um baralho de 8 cartas é igual a 6. Da mesma forma, quando temos 10 cartas, acrescentamos uma, ficando com 11, e observamos os restos na divisão das potências de 2 por 11:

potência	1	2	3	4	5	6	7	8	9	10
valor	2	4	8	16	32	64	128	256	512	1024
resto	2	4	8	5	10	9	7	3	6	1

Obtemos o resto 1 na décima potência, e esse é o número correto de etapas para ressuscitarmos um baralho de 10 cartas.

Essa regra funciona em todos os casos. Não precisamos executar todo o cálculo de maneira tão trabalhosa: basta começarmos com 2, duplicarmos este valor repetidamente e encontrarmos o resto da divisão por um número uma unidade acima do tamanho do baralho, seguindo em frente até encontrarmos um resto 1. Um resultado geral da teoria dos números conhecido como o pequeno teorema de Fermat — descoberto pelo grande teórico dos números francês Pierre de Fermat, mais famoso por seu "último teorema", provado recentemente, de maneira gloriosa, por Andrew Wiles (Universidade de Princeton) — determina que esse processo chega ao resto 1 após um número de etapas igual a, no máximo, o tamanho do baralho.

Como embaralhar as cartas para fora é o mesmo que embaralhá-las para dentro num baralho com duas cartas a menos, podemos aplicar a mesma regra, mas agora devemos *subtrair* uma unidade do tamanho do baralho e encontrar os restos da divisão de potências de 2 por esse valor. Num baralho comum de 52 cartas, os números relevantes são 52 quando embaralhamos para dentro, mas apenas 8 quando as embaralhamos para fora.

Em *Mathematical Carnival*, Martin Gardner sugere um método prático para testarmos esses resultados — trabalhando *para trás*. Até um ilusionista experiente tem dificuldade em embaralhar as cartas perfeitamente uma só vez, que dirá várias vezes seguidas. Porém, o método de Gardner é mais fácil de seguir: basta darmos as cartas alternadamente para duas pessoas e depois empilharmos o conjunto de cartas que receberam um sobre o outro. Assim como podemos embaralhar as cartas para dentro ou para fora, podemos dá-las para dentro ou para fora, com resultados inversos. O número de etapas necessário para ressuscitar a ordem original do baralho é o mesmo, quer embaralhemos ou demos as cartas.

Muitos truques de cartas exploram as regularidades do método de embaralhamento discutido neste capítulo. A coluna de Gardner na edição de agosto de 1988 da *Scientific American* trouxe um truque que funciona mesmo que você embaralhe mal as cartas! O que vou apresentar utiliza um número ímpar de cartas — embora comece com um baralho de 20. Entregue o baralho à sua vítima, vire-se de costas e peça-lhe que as embaralhe (usando qualquer método) e depois insira o curinga, lembrando-se das duas cartas entre as quais o curinga entrou. Vire-se de frente e apanhe o baralho — que agora tem 21 cartas — com as cartas voltadas para baixo. Embaralhe-as para dentro ou para fora e deixe que a vítima corte o baralho; repita o processo. Abra as cartas num leque, segurando-as de modo que a sua vítima possa ver suas faces e você não, e peça-lhe que retire o curinga. Corte o leque nesse ponto, formando dois grupos de cartas, e empilhe-as novamente, *invertendo a ordem em que estão*. Embaralhe as cartas duas vezes para fora e uma vez para dentro, apóie o baralho na mesa, virado para baixo. Peça à vítima que diga quais eram as duas cartas que memorizou. Vire a primeira carta do baralho: será uma delas. Vire o baralho inteiro: a carta de baixo é a outra.

A questão mais difícil resolvida pelo trabalho de Diaconis, Graham e Kantor é a seguinte: quais rearranjos de um baralho de $2n$ cartas é possível obter usando sequências arbitrárias de embaralhamentos para dentro e para fora? Os resultados dependem de n, de um modo muito curioso. Se n for uma potência de 2, o número de rearranjos é relativamente pequeno ($k2^k$ se $n = 2^k$). Se não, o número de rearranjos é bem maior, embora ainda menor que todas as $(2n)!$ possibilidades. O número exato depende da forma de n: $4m$, $4m + 1$, $4m + 2$ ou $4m + 3$ para m inteiro. Além disso, os casos $n = 6$ e $n = 12$ são excepcionais, por não seguirem o padrão geral, que se aplica aos demais casos. Desculpe, a matemática muitas vezes é assim — mesmo quando existe um padrão, ele pode se dividir em várias partes e pode haver algumas exceções, geralmente no início. Se você quiser conhecer os detalhes, leia o belo artigo desses autores.

- 12 -
A conjectura da bolha de sabão

Todos os físicos do mundo conhecem a conformação assumida por duas bolhas unidas. Toda criança que já brincou com bolhas de sabão também. Todos os matemáticos do mundo conhecem a conformação que as duas bolhas *deveriam* assumir ao se unirem. Alguns poucos matemáticos extremamente inteligentes conseguiram agora *provar* que todos os outros estão certos.

O dodecaedro, uma forma matemática conhecida, tem 20 vértices, 30 arestas e 12 faces — cada uma com 5 lados (Figura 12.1). Mas qual sólido possui 22,84 vértices, 34,25 arestas e 13,42 faces — cada uma com 5,103 lados? Talvez algum tipo de fractal elaborado? Afinal, os fractais — essas formas complexas que Benoit Mandelbrot transformou numa teoria abrangente sobre as irregularidades da natureza — podem ter dimensões não inteiras, portanto, por que não vértices não inteiros? Não, este sólido é uma forma comum e conhecida, que você provavelmente encontrará na sua própria casa. Procure-o ao beber um copo de refrigerante ou cerveja, ao tomar um banho ou ao lavar a louça.

É claro que estou trapaceando. Podemos encontrar o meu sólido bizarro numa casa típica da mesma maneira que podemos encontrar 2,3 crianças numa família típica. Ele não existe como um único objeto, e sim como uma média. E não é um sólido, é uma bolha — a bolha "média" numa massa de espuma. As espumas contêm milhares de bolhas, amontoadas como minúsculos poliedros irregulares — e o número médio de vértices desses poliedros de espuma é 22,9, o número médio de arestas é 34,14 e o de faces é 13,39. Se a bolha média realmente existisse, seria como um dodecaedro, só que um pouquinho maior.

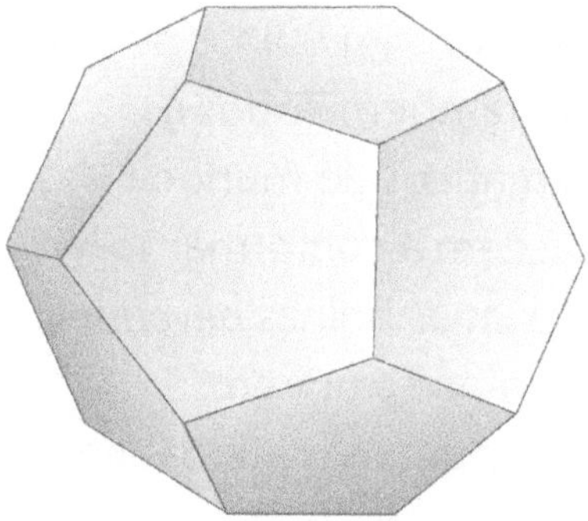

Figura 12.1
O dodecaedro.

As bolhas fascinam a humanidade desde a invenção do sabão; as espumas existem desde o início dos tempos. Mas a matemática das bolhas e espumas só ganhou impulso na década de 1830, quando o físico belga Joseph Plateau começou a mergulhar grades de metal numa solução de sabão, obtendo resultados impressionantes. Apesar de 170 anos de pesquisas, ainda não temos as explicações — ou mesmo descrições — matemáticas completas de muitos dos fenômenos observados por Plateau. Um caso notório, até pouco tempo atrás, era a conjectura da bolha dupla, que descreve a forma gerada quando duas bolhas se juntam. Todos "sabem" que a forma deve ser semelhante à da Figura 12.2.a — mas que tal a Figura 12.2b, por exemplo? Por que não pode ocorrer?

No entanto, já compreendemos muitos outros fenômenos observados por Plateau, e os experimentos com filmes de sabão ajudaram muitas vezes os matemáticos a desenvolver provas rigorosas de outros importantes teoremas geométricos. Quando Plateau começou a trabalhar com bolhas,

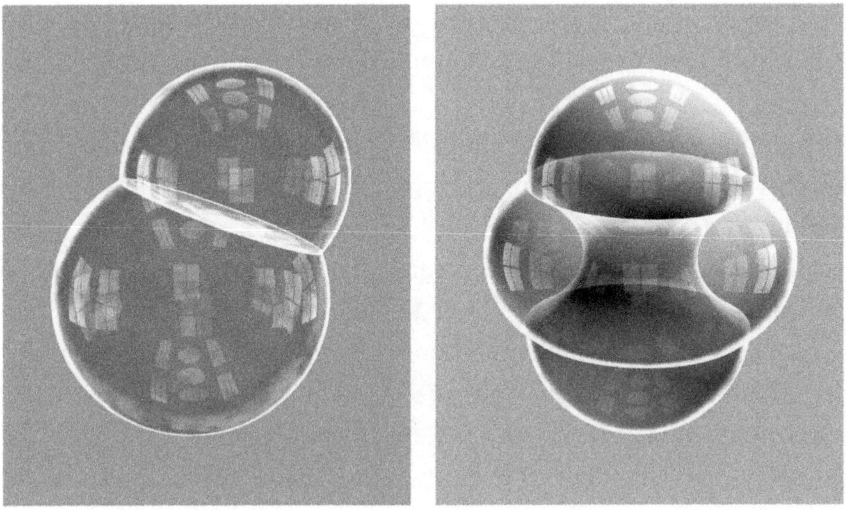

(a) (b)

Figura 12.2
(a) A conjectura da bolha dupla determina que, quando duas bolhas se aglutinam, elas formam duas esferas que se encontram a 120º ao longo de uma margem esférica. (b) Outras possibilidades a serem descartadas incluem esse amendoim numa boia.

estava perdendo a visão. Em 1829, ele realizou um experimento óptico no qual olhou diretamente para o sol durante 25 segundos: isso lesou sua visão, e em 1843 ele já estava completamente cego. Mas a perda da visão não o impediu de dar grandes contribuições à área mais intensamente visual da matemática — a geometria tridimensional. De fato, ele continuou a trabalhar nessa área por muito tempo depois de perder os últimos resquícios de visão.

Bolhas e filmes de sabão são exemplos de um conceito matemático extremamente importante conhecido como "superfície mínima". Trata-se de uma superfície cuja área é a menor possível, sujeita ao preenchimento de certas condições adicionais.

As superfícies mínimas surgem na matemática das bolhas por um efeito físico chamado tensão superficial. A superfície de um líquido se comporta *como se* fosse elástica, parecida a uma fina película de borracha. Se você tentar esticá-la, uma força se opõe ao estiramento. A força é causada pela estrutura das moléculas na superfície, que é diferente da que encontramos no interior do líquido graças à ausência de algumas de suas ligações químicas. O resultado da tensão superficial é o armazenamento de energia na superfície.

A matemática das ligações químicas ausentes é notavelmente complicada; mas podemos usar uma aproximação simples e bastante precisa se estivermos interessados apenas na forma geral da superfície, e não nos detalhes moleculares. Ocorre que a energia gerada pela tensão superficial num filme de sabão é proporcional à sua área.

Uma bolha de sabão é uma superfície mínima — ou seja, uma superfície com *área* mínima — porque, "na verdade", é uma superfície de energia mínima. Como, para a tensão superficial, a energia é igual à área (bom, são proporcionais, o que é a mesma coisa, acrescentando-se algum fator constante), minimizar a área é o mesmo que minimizar a energia. E o fato é que a natureza gosta de minimizar a energia — portanto as bolhas minimizam a área.

Por exemplo, podemos provar matematicamente que a superfície de menor área que circunda um volume dado é uma esfera — esse é o motivo pelo qual as bolhas de sabão são esféricas. Uma bolha de sabão circunda um volume fixo de ar, e um filme de sabão é tão fino — cerca de um milionésimo de metro — que se parece bastante com uma superfície matemática infinitamente fina. (As bolhas em movimento são uma questão à parte, pois existem forças dinâmicas que podem fazê-las oscilar, gerando todo tipo de forma fantástica.) A ideia das superfícies mínimas tem muitas aplicações — na biologia, química, cristalografia e até mesmo na arquitetura.

Se não houver restrição, a área da superfície mínima será igual a zero — que é, afinal, a menor de *todas* as áreas possíveis. As restrições mais comuns são as que determinam que a superfície deve circundar um volume dado, que sua margem deve se apoiar em uma superfície dada, que sua margem deve ser curva, ou alguma combinação dessas condições. Por exemplo, uma bolha apoiada sobre a superfície plana de uma mesa geralmente tem a forma de um hemisfério, que é a menor área de superfície que circunda um certo volume *e que* tem uma margem apoiada num plano (a superfície da mesa).

Plateau tinha especial interesse por superfícies cuja margem fosse alguma curva escolhida. Em seus experimentos, a curva era representada por um pedaço de arame, dobrado numa certa forma, ou diversos arames unidos, formando uma armação. Qual é, por exemplo, a forma de uma superfície mínima cuja margem seja constituída por dois círculos idênticos "paralelos"? Podemos pensar que talvez se trate de um cilindro. No entanto, essa ideia pode ser aprimorada. Leonhard Euler provou que a verdadeira superfície mínima com tais margens é uma catenoide (Figura 12.3), formada quando giramos uma curva em U, chamada catenária, ao redor de um eixo que corre pelos centros de dois círculos. A catenária é a forma gerada por uma corrente pesada e uniforme sob a ação da gravidade: é bastante parecida a uma parábola, mas com uma forma ligeiramente mais larga. Podemos demonstrar o teorema de Euler construindo dois anéis circulares de arame, com cabos por onde possamos segurá-los — como uma rede de caçar borboletas. Basta unirmos os dois anéis, mergulhá-los numa solução de sabão ou detergente e depois separá-los, revelando a catenoide em sua beleza cintilante.

Uma das descrições mais famosas da matemática dos filmes de sabão encontra-se no clássico *O que é matemática?*, de Richard Courant e Herbert Robbins. Os autores descrevem alguns dos experimentos originais de Plateau, nos quais ele mergulha as estruturas de arame em formatos de poliedros regulares no sabão. O caso mais simples, que os autores não discutem, surge quando a estrutura é um tetraedro, uma forma com quatro faces triangulares e seis arestas iguais. Nesse caso, a superfície mínima é formada por seis triângulos, que se encontram no centro do tetraedro

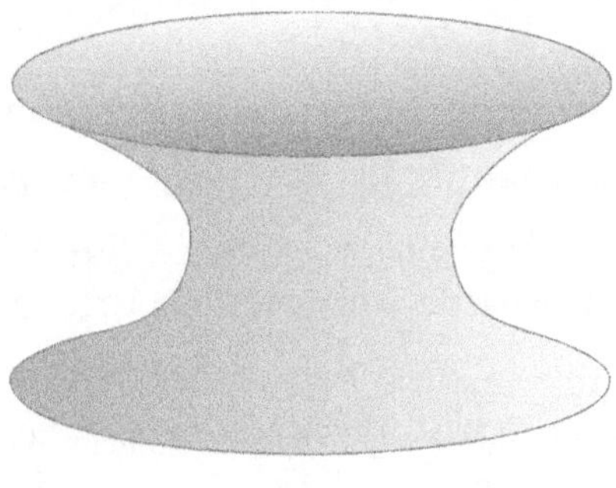

Figura 12.3
Catenoide: a menor superfície de margem constituída por dois círculos idênticos.

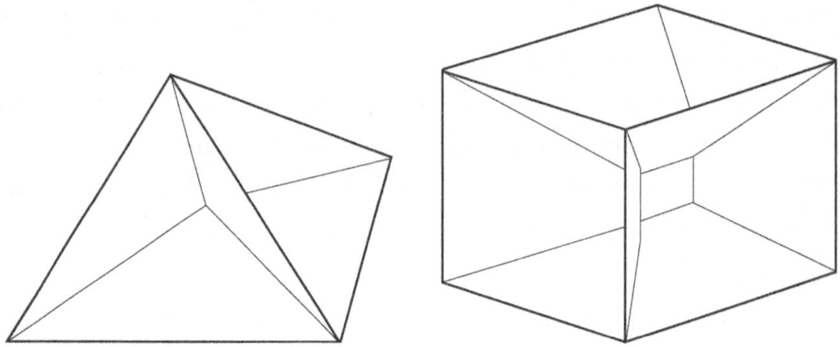

(a) (b)

Figura 12.4
(a) Filme de sabão numa estrutura tetraédrica forma suas superfícies planas
(b) Filme de sabão numa estrutura cúbica forma 13 superfícies quase planas.

(Figura 12.4.a). Uma estrutura cúbica de arame leva a um arranjo mais complicado de 13 superfícies *praticamente* planas (Figura 12.4.b). Os matemáticos compreendem completamente o caso do tetraedro, mas ainda não desenvolveram uma análise completa para o cubo.

A estrutura tetraédrica ilustra duas importantes características gerais dos filmes de sabão, observados empiricamente por Plateau. Ao longo das linhas que correm dos vértices da estrutura ao seu ponto central, os filmes de sabão se encontram de três em três, em ângulos de 120°; no ponto central, quatro arestas se encontram em ângulos de 109° 28'. Esses dois ângulos são fundamentais em qualquer problema que envolva filmes de sabão em contato. Os ângulos de 120° entre as faces e de 109° 28' entre as arestas surgem não só no tetraedro regular, como também em qualquer outro arranjo de filmes de sabão — desde que não exista ar aprisionado no interior, ou, caso exista, que as pressões nos dois lados do filme sejam iguais, anulando assim uma à outra.

Os filmes numa espuma são ligeiramente encurvados, mas podem ser aproximados por faces planas: com essa aproximação, observaremos os dois ângulos citados no interior da espuma, mas não nos filmes próximos às suas superfícies externas. Esse fato é a base de um cálculo curioso, que leva aos números estranhos com os quais comecei este capítulo. Se fingirmos que a espuma é feita de muitos poliedros idênticos cujas faces são polígonos regulares com ângulos de 109° 28' (o que é impossível, mas e daí?), podemos estimar o número médio de vértices, arestas e faces em qualquer espuma (veja o boxe).

A observação de Plateau sobre o ângulo de 120° se estabeleceu rapidamente como um fato matemático. A prova geralmente é creditada ao grande geômetra Jacob Steiner, em 1837, mas Evangelista Torricelli e Francesco Cavalieri já haviam resolvido o problema muitos anos antes, encontrando uma prova em 1640. Todos esses matemáticos, na verdade, estudaram um problema análogo, relacionado a triângulos. Dado um triângulo e um ponto em seu interior, desenhe três linhas que unam esse ponto aos vértices do triângulo e some seus comprimentos. Em qual ponto obtemos a menor distância total? Resposta: no ponto onde as três linhas se encontram em ângulos de 120°. (Isto é, desde que nenhum ângulo do triângulo tenha mais de 120°: caso contrário, o ponto se situará no vértice correspondente.) Podemos reduzir o problema dos filmes de sabão ao dos triângulos utilizando um plano que se cruze com os filmes.

Uma espuma peculiar

Suponha que as bolhas de uma espuma sejam poliedros regulares, cujas faces sejam polígonos regulares com n lados, e que os ângulos entre esses lados sejam todos $X = 109°\ 28'$. Como tal objeto não existe, vamos chamá-lo de "espumoedro" e fingir que existe. Digamos que o espumoedro tenha V vértices, F faces e A arestas.

Sabe-se bem que num polígono regular com n lados e ângulo X (medido em graus), devemos ter $n = 360/(180 - X)$. (Por exemplo, se o ângulo for de 90°, então $n = 360/90 = 4$, um quadrado, como era de se esperar.) Isso ocorre porque existem n ângulos externos de $180 - X$, cuja soma deve ser igual a 360°. Com $X = 109°\ 28'$, essa equação determina que o espumoedro tem $n = 5{,}104$ lados.

A partir daqui, o cálculo fica um pouco mais complicado. Em cada vértice do espumoedro há um encontro de três faces — porque X é maior que 90°, mas menor que 120°. Portanto, o ângulo total em cada vértice é igual a $3X$. Entretanto, podemos encontrar o mesmo valor somando todas as faces, que contribuem, cada uma, com nX para o ângulo total. Portanto, $3VX = nFX$; dessa forma, $3V = nF = 5.103F$, de onde

(1) $V = 1{,}701F$

Considere agora as A arestas. Cada face tem n arestas, totalizando nF arestas. Mas cada aresta é comum a duas faces, portanto

(2) $A = nF/2 = 2{,}552F$

Por fim, lembre-se da famosa fórmula de Euler

(3) $F + V - A = 2,$

que é válida para qualquer poliedro. Usando (1) e (2) para substituir V e A em (3) por múltiplos de F, obtemos $F + 1{,}701F - 2{,}552F = 2$; simplificando, obtemos $0{,}149F = 2$, portanto $F = 2/0{,}149 = 13{,}42$. Então, $V = 22{,}83$ e $A = 34{,}25$.

Em 1976, Frederick Almgren e Jean Taylor provaram a segunda regra de Plateau sobre os ângulos de 109° 28'. A prova engenhosa que encontraram tinha diversas etapas. Eles começaram considerando qualquer vértice no qual se encontrassem seis faces, ao longo de quatro arestas comuns. Em primeiro lugar, demonstraram que podemos ignorar a ligeira curvatura vista na maioria dos filmes de sabão, de modo que os filmes sejam considerados planos. A seguir, examinaram o sistema de arcos circulares formados por esses planos ao cruzarem uma pequena esfera centrada nesse vértice. Como os filmes de sabão são superfícies mínimas, tais arcos são "curvas mínimas" — seu comprimento total é o menor possível. Utilizando a analogia esférica do teorema de Torricelli-Cavalieri, esses arcos sempre devem se encontrar de três em três, em ângulos de 120°. Almgren e Taylor provaram que exatamente dez configurações distintas dos arcos — são bastante complicadas, portanto não as desenharei — satisfazem esse critério. Para cada caso, os autores se perguntaram se a área total dos filmes dentro da esfera poderia ser reduzida ao deformarmos ligeiramente as superfícies, talvez introduzindo novos pedaços de filme. Todos esses casos puderam ser descartados, pois não correspondiam a verdadeiras superfícies mínimas. Exatamente três casos sobreviveram ao tratamento: os arranjos de filme formados são um único filme, ou três filmes que se encontravam em ângulos de 120°, ou seis filmes que se encontravam em ângulos de 109° 28' — exatamente como Plateau observou. As técnicas detalhadas necessárias para a prova extrapolaram a geometria, passando à análise — o cálculo e seus descendentes mais esotéricos. Almgren e Taylor utilizaram conceitos abstratos chamados "medidas" para permitir que sua prova contemplasse formatos de bolhas muito mais complexos que as superfícies lisas.

A regra dos 120° leva a uma bela propriedade de duas bolhas agrupadas. Há muito tempo presumimos empiricamente que, quando duas bolhas se unem, formam-se três superfícies esféricas, dispostas como na Figura 12.5. Se assim for, os raios das superfícies esféricas deverão satisfazer uma bela relação. Sejam r e s os raios das duas bolhas e t o raio da superfície ao longo da qual se encontram: então, sua relação será $1/r = 1/s + 1/t$. Esse fato está provado no adorável livro *The Science of Soap Films and Soap Bubbles*, de Cyril Isenberg, usando não mais que geometria elementar e a propriedade dos 120°.

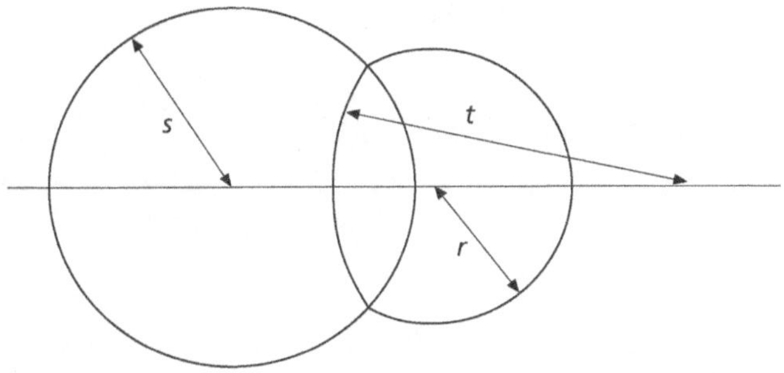

Figura 12.5
Geometria presumida de uma bolha dupla, mostrada num corte transversal. Ao rodar os arcos em torno da linha reta obtêm-se as superfícies. Os raios r, s, t satisfazem a relação $1/r = 1/s + 1/t$].

Tudo o que resta é provarmos que as superfícies são partes de esferas — essa etapa aparentemente óbvia foi a que causou os maiores problemas. Em 1995, Joel Hass (Universidade da Califórnia, Davis) e Roger Schlafly (Real Software, Santa Cruz) encontraram uma prova — porém, somente com o pressuposto adicional de que as bolhas tivessem o mesmo volume. Sua prova precisou do auxílio de um computador, que resolveu 200.260 integrais associadas a possibilidades concorrentes — uma tarefa que a máquina executou em apenas 20 minutos!

Os matemáticos precisaram coçar a cabeça por mais cinco anos até encontrarem a solução completa. Em 2000, Michael Hutchings (na época na Universidade de Stanford, agora em Berkeley), Frank Morgan (Williams College), Manuel Ritoré e Antonio Ros (Granada) provaram a conjectura da bolha dupla para bolhas de volumes diferentes.

As bolhas ainda representam grandes desafios para os matemáticos. Hoje sabemos muito mais do que sabia Plateau ao mergulhar seus arames em água e sabão, mas devemos nos lembrar que foram esses experimentos que criaram uma bela área da matemática: a geometria das superfícies mínimas.

- 13 -
Linhas cruzadas na fábrica de tijolos

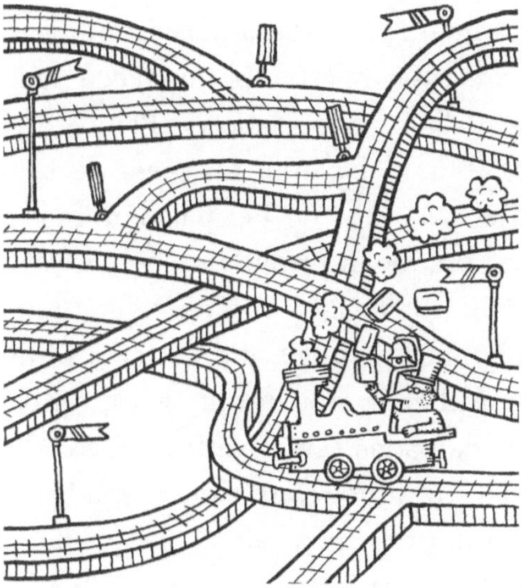

Quase ao final da Segunda Guerra Mundial, um matemático húngaro estava trabalhando numa fábrica de tijolos quando notou que os trenzinhos que carregavam os tijolos muitas vezes descarrilavam nos cruzamentos. Um engenheiro teria projetado de novo as linhas. Adivinhe o que o matemático fez?

Um dos encantos da matemática é o modo como certos problemas com ingredientes muito simples, fáceis de propor e consistentes com uma grande quantidade de observações podem desconcertar os melhores cérebros do mundo durante séculos. Exemplos desses problemas são o último teorema de Fermat, o problema de Kepler e a conjectura das quatro cores — todos eles foram resolvidos nas últimas décadas, como descreverei brevemente a seguir. Um dos prazeres da matemática recreativa é a possibilidade, ainda que improvável, de encontrarmos uma solução para algum problema famoso ainda não resolvido. Em particular, a conjectura das quatro cores chamou muita atenção dos matemáticos recreativos e, de certa forma, é uma pena que tenha sido provada, pois assim acabou uma fonte de diversão aparentemente ilimitada. Dado o progresso recente, podemos ficar com a impressão de que não restam mais desafios interessantes nos quais os amadores possam se arriscar — porém, isso não é verdade, como veremos.

Antes, algumas palavras sobre os três grandes problemas que citei. Na década de 1650, Pierre de Fermat escreveu na margem de um livro que havia provado que a soma de dois cubos perfeitos jamais seria igual a outro cubo perfeito, e que o mesmo valia para as potências de quatro, cinco, qualquer potência maior que o quadrado. Apesar das numerosas tentativas de se encontrar uma prova, esse teorema permaneceu sem comprovação até que Andrew Wiles, da Universidade de Princeton, finalmente concluísse a prova em 1996. A façanha foi tema de um programa de televisão premiado. Mesmo antes de Fermat, em 1611, Johannes Kepler escreveu (num presente de ano-novo que deu ao seu patrocinador, o adorável livro *On the Six-Cornered Snowflake*) que tinha certeza de que a maneira mais eficiente de embalarmos esferas num espaço tridimensional é um arranjo utilizado por muitos verdureiros para empilhar laranjas: uma série de camadas semelhantes a favos de mel empilhados uns sobre os outros, de modo que cada camada se encaixe nas reentrâncias da camada inferior. Em 1998, Thomas Hales anunciou ter encontrado uma prova dessa conjectura com o auxílio do computador, que foi posteriormente publicada. A conjectura das quatro cores, que tem cerca de 100 anos, questionava se seria possível colorirmos qualquer mapa num plano usando no máximo quatro cores, de modo que as regiões adjacentes sempre tivessem cores diferentes. Foi provada por Kenneth Appel e Wolfgang Haken em 1976, novamente com o auxílio do computador.

O *teorema* das quatro cores, como é chamado agora, pertence a uma área da matemática conhecida como teoria dos grafos. Lembre-se de que um grafo é uma coleção de "vértices" representados por pontos, unidos por "arestas" representadas por linhas. Um mapa no plano e a noção de "região adjacente" podem ser codificados na forma de um grafo. Temos um vértice para cada região, e as arestas unem vértices correspondentes a regiões adjacentes. Portanto, o problema das Quatro Cores pode ser reformulado, transformando-se num problema sobre como colorir os vértices de um certo grafo.

A teoria dos grafos nos apresenta muitos problemas simples de propor e difíceis de resolver. Muitos deles ainda estão em aberto, e uma área que abrange muitas dessas questões está ligada ao *número de cruzamentos* de um grafo. Desenhe o grafo no plano (ou numa folha de papel, se preferir) de modo que o número de cruzamentos entre as arestas seja o menor possível (as arestas só podem tocar os vértices em suas extremidades e devem se cruzar em pontos isolados). Esse menor número de cruzamentos é, claro, o número de cruzamentos citado antes. Nadine Myers, da Universidade Hamline, discutiu essa questão na *Mathematics Magazine*, em 1998. Ela citou um comentário feito por Paul Erdös e Richard K. Guy em 1970: "Quase todas as perguntas que podemos fazer sobre os números de cruzamentos continuam em aberto." O comentário ainda é perfeitamente válido. Na verdade, é incrível o pouco que sabemos sobre o número de cruzamentos.

Embora pareça ser muito difícil *provar* fatos sobre os números de cruzamentos, os matemáticos recreativos podem se divertir bastante fazendo experimentos com diagramas de grafos e tentando reduzir o número de cruzamentos. Esse tipo de experimento tem a possibilidade de até *refutar* certas conjecturas notáveis, reduzindo o número de cruzamentos a um valor menor que o conjecturado.

Os grafos com números de cruzamentos iguais a *zero* já foram completamente caracterizados, num resultado que data de 1930 e é conhecido como o teorema de Kuratowski, por ter sido provado por Kazimierz Kuratowski. Tais grafos são *planares* — podem ser desenhados no plano sem nenhum cruzamento. O grafo da Figura 13.1.a é de fato planar. Embora esteja desenhado com quatro cruzamentos, podemos mover as arestas e vértices de modo a nos livrarmos de todos os cruzamentos, como na Figura 13.1.b. Na verdade, esse grafo é apenas um "ciclo" em seis vértices (seis vértices unidos, formando um anel). Podemos definir grafos semelhantes com n vértices, denotando-os pelo símbolo C_n. Portanto, esse grafo é C_6.

O teorema de Kuratowski afirma que um grafo é planar se não contiver (num sentido ligeiramente técnico) nenhum dos grafos mostrados na Figura 13.2.a e 13.2.b. (Observe que, ao longo das arestas desses grafos, podem ocorrer vértices que as subdividam.) A Figura 13.2.a (ignorando

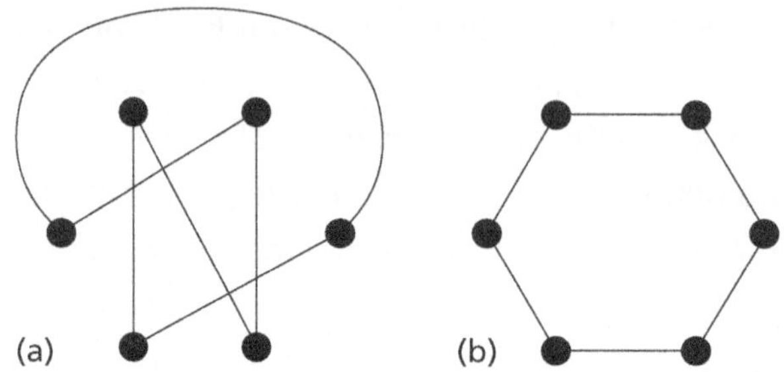

Figura 13.1
(a) Grafo com quatro cruzamentos.
(b) O mesmo grafo redesenhado sem cruzamentos.

esses vértices adicionais) é chamada de "grafo completo com cinco vértices": cada vértice está unido a todos os outros. Existem grafos completos análogos, com qualquer número de vértices. Se tiver *n* vértices, esse grafo será denotado por K_n. Já o encontramos no Capítulo 9. Para relembrar, a Figura 13.2.a ilustra K_5. A Figura 13.2.b (novamente ignorando os vértices extras) é o "grafo bipartido completo de dois conjuntos de três vértices". Os vértices pertencem a dois conjuntos, cada um com três vértices, e cada vértice de um conjunto está unido a todos os vértices do outro conjunto. Podemos definir grafos semelhantes quando os dois conjuntos de vértices possuírem outros números de elementos, não necessariamente iguais. Se houver *m* vértices num conjunto e *n* no outro, o grafo será denotado por $K_{m,n}$. A figura mostra $K_{3,3}$.

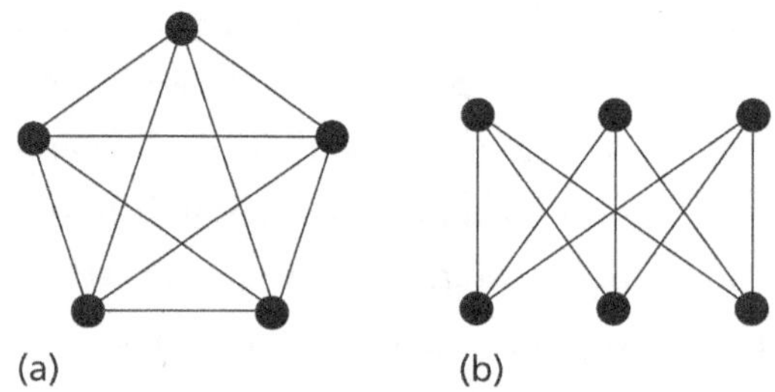

Figura 13.2
Dois grafos básicos não planares.

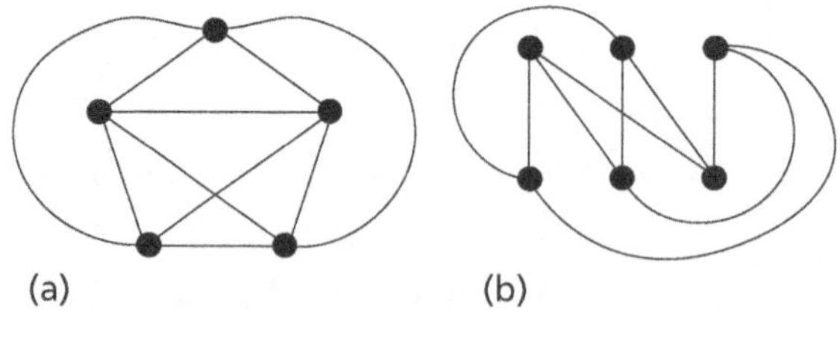

Figura 13.3
Os dois grafos básicos não planares podem ser redesenhados para mostrar que seu número de cruzamentos é igual a 1.

Tanto K_5 como $K_{3,3}$ possuem número de cruzamentos igual a 1. Nenhum dos dois é planar, o que podemos observar redesenhando as arestas para que se evitem sempre que possível — assim, percebemos que sempre resta apenas um cruzamento. Veja a Figura 13.3.a e 13.3.b.

O conceito do número de cruzamentos parece ter surgido em 1944, durante a Segunda Guerra Mundial, enquanto o matemático húngaro Paul Turán trabalhava numa fábrica de tijolos nos arredores de Budapeste. A fábrica tinha vários fornos onde os tijolos eram assados e diversos galpões de armazenamento. De cada forno partiam trilhos para todos os galpões. Os trabalhadores colocavam os tijolos num pequeno vagão e o empurravam pelos trilhos até um dos galpões, onde os descarregavam. Era uma tarefa relativamente fácil, a não ser nos pontos onde os trilhos se cruzavam. Nos cruzamentos, o vagão muitas vezes descarrilava e os tijolos caíam.

Um engenheiro provavelmente teria pensado num modo de reprojetar os cruzamentos. Turán, sendo um matemático, perguntou-se como deixar o menor número possível de cruzamentos, redesenhando a disposição dos trilhos. Depois de alguns dias, percebeu que aquela fábrica em particular tinha cruzamentos desnecessários, mas o problema geral o intrigou. Com m fornos e n galpões, e presumindo que de cada forno saíssem trilhos para todos os galpões, a questão é encontrar o número de cruzamentos do grafo bipartido completo $K_{m,n}$.

Já sabemos um bocado sobre grafos com números muito baixos de cruzamentos (0, 1, 2). No entanto, sabe-se muito pouco sobre grafos com números de cruzamentos maiores. Na verdade, os únicos casos em que conhecemos o número de cruzamentos são K_n para $n \leq 10$, $K_{m,n}$ para $3 \leq m \leq 6$ e grafos $C_m \times C_n$, definidos a seguir, para $3 \leq m \leq 6$ e $m = n = 7$.

Os grafos $C_m \times C_n$ surgem de "grades retangulares num toro". A Figura 13.4 ilustra um exemplo, $C_7 \times C_8$. Desenhei o grafo na forma de duas famílias de círculos. Os círculos "concêntricos" formam 7 cópias de C_8, e os círculos "radiais" (desenhados como elipses) formam 8 cópias de C_7. Tais círculos podem ser desenhados na superfície de um toro, onde se cruzam somente nos pontos pretos. Porém, quando o diagrama é

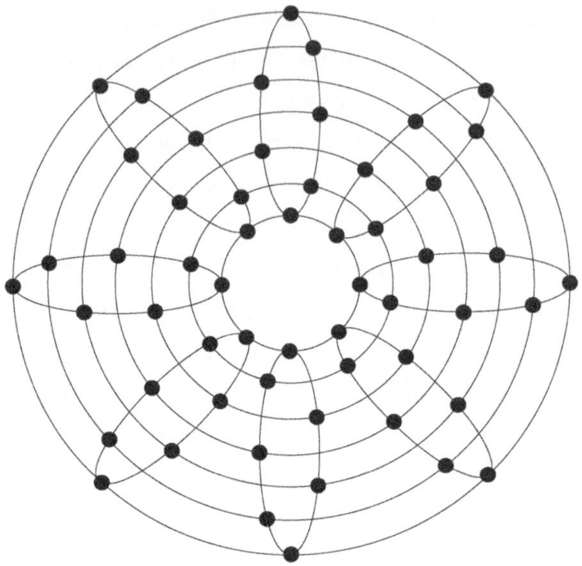

Figura 13.4
O grafo da grade num toro $C_7 \times C_8$ aqui desenhado com 40 cruzamentos. Este número pode ser reduzido?

projetado num plano, surgem outros cruzamentos. De fato, temos 5 cruzamentos para cada um dos 8 círculos verticais, totalizando 40.

Podemos executar uma construção semelhante com m círculos horizontais e n verticais, adotando a convenção de que $m \leq n$. Assim, cada círculo vertical cruza *duas vezes* todos os círculos horizontais, exceto dois deles. Com estes dois — os círculos horizontais de "dentro" e de "fora" — cruza-se só uma vez, num vértice. Para os demais círculos, um dos cruzamentos é um verdadeiro cruzamento no toro, daí o vértice; o outro, porém, resulta da tentativa de desenharmos a imagem no plano. Portanto, cada círculo vertical contribui com $m - 2$ cruzamentos. Assim, no total, temos $(m - 2)n$ cruzamentos.

Existe a crença geral de que esse é o número mínimo, ou seja, de que o número de cruzamentos do grafo $C_m \times C_n$ formado a partir de uma grade no toro seja $(m - 2)n$. Contudo, essa "conjectura (m,n)" jamais foi provada. Sabe-se que ela *realmente* é verdadeira para os casos citados acima, dos quais $C_7 \times C_7$ foi o último a ser provado. (Leia o artigo de Myers para conhecer os detalhes e as referências.) Portanto, o menor caso não resolvido é $C_7 \times C_8$, para o qual o número conjecturado de cruzamentos é 40.

Você consegue encontrar uma maneira de redesenhar a Figura 13.4 no plano com 39 cruzamentos ou menos? Não vale roubar nem tentar fraudar o problema, por favor! Isto é matemática, não um jogo. Se conseguir, a conjectura (m,n) será *falsa*. Experimente.

Pode parecer incrível que, combinando os cérebros de matemáticos de todo o mundo, não consigamos determinar se a Figura 13.4 pode ser redesenhada com menos cruzamentos — mas isso nos mostra a grande diferença entre uma pergunta fácil de fazer e uma fácil de responder.

Mesmo que existam aprimoramentos possíveis, deverão ser pequenos. Em 1997, G. Salazar (Universidade Carleton) provou que, se o número de cruzamentos de $C_m \times C_n$ for *menor* que $(m - 2)n$, não poderá ser *muito* menor. Presumindo uma condição técnica (o número de vezes que quaisquer dois ciclos n se cruzam não poderá exceder um valor máximo definido), o número de cruzamentos dividido por $(m - 2)n$ se aproxima de 1 à medida que n se torna arbitrariamente grande. Ainda assim, esse resultado deixa espaço para uma redução no valor conjecturado $(m - 2)n$ para qualquer escolha específica de m, n. Se a conjectura for falsa, isso explicaria por que parece ser tão difícil de provar. Por outro lado, talvez seja como o último teorema de Fermat, o problema de Kepler e a conjectura das quatro cores: *verdadeira*, mas difícil de provar!

- 14 -
Divisão sem inveja

Por mais que nos esforcemos, sempre voltamos ao problema de como dividir o bolo de maneira justa e equitativa, respeitando ainda os direitos humanos e dando oportunidades iguais a todos. Este capítulo está comprometido com a divisão justa entre todos os cidadãos, independentemente de cor, credo, gênero, idade ou orientação matemática. Então, por que você *ainda* não está satisfeito?

No Capítulo 1, falamos um pouco de algumas questões matemáticas que surgem do problema aparentemente simples de dividirmos um bolo de maneira justa — de modo que, se houver n pessoas, todas elas acreditem que sua porção é, no mínimo, igual a $1/n$ do bolo. Vamos agora retomar esse tema e dar uma olhada em algumas das partes mais modernas da teoria.

Antes, vamos relembrar até onde chegamos. Com duas pessoas, o velho algoritmo "eu corto, você escolhe" leva a uma divisão justa. Com três ou mais pessoas, temos várias possibilidades. O método de "aparar" permite que participantes sucessivos reduzam o tamanho de uma fatia aparentemente justa do bolo, com a condição de que, se ninguém mais aparar esse pedaço, a última pessoa a apará-lo terá que ficar com ele. No algoritmo dos "pares sucessivos", as primeiras duas pessoas dividem o bolo igualmente, e então a terceira pessoa recebe o que todos consideram ser ao menos 1/3 do bolo, negociando separadamente com cada um. E no algoritmo "dividir para conquistar", os participantes tentam dividir o bolo usando um corte de modo que aproximadamente a metade das pessoas esteja satisfeita em receber uma porção justa de um dos pedaços, enquanto a outra metade esteja satisfeita em receber uma porção justa do outro pedaço. A seguir, a mesma ideia é repetida nos dois subbolos separados, e assim por diante.

Todos esses algoritmos são justos, mas existe uma questão mais sutil. Mesmo que todos estejam convencidos de que receberam um pedaço justo do bolo, alguns dos participantes podem sentir que levaram a pior, graças ao pecado capital da inveja. Por exemplo, Fulano, Beltrano e Sicrano podem acreditar que receberam no mínimo 1/3 do bolo; no entanto, Fulano pode achar que o pedaço de Beltrano é maior que o seu. O pedaço de Fulano é "justo", mas ele já não está tão contente. A divisão de um bolo é feita "sem inveja" se nenhuma pessoa achar que outra tem um pedaço maior que o seu. Uma divisão sem inveja sempre é justa, mas uma divisão justa ainda pode provocar inveja. Portanto, o problema de encontrarmos um algoritmo para a divisão sem inveja é mais difícil que para a divisão justa.

Podemos facilmente perceber que o método "eu corto, você escolhe" não provoca inveja; no entanto, nenhum dos demais algoritmos apresentados tem essa qualidade — não para todos os conjuntos possíveis de avaliações do bolo. No início dos anos 1960, John Selfridge e John Conway encontraram o primeiro algoritmo para a divisão sem inveja entre três pessoas.

PASSO 1: Fulano corta o bolo em três pedaços que considera terem o mesmo tamanho.

PASSO 2: Beltrano pode (a) não fazer nada, se achar que dois ou mais pedaços estão empatados, sendo os maiores; ou (b) aparar o pedaço que julga ser o maior, de modo a gerar esse empate. Os pedacinhos aparados são guardados: vamos chamá-los de "restos".

PASSO 3: Sicrano, Beltrano e Fulano, nessa ordem, escolhem um pedaço — o que considerarem o maior, ou um dos que estão empatados em primeiro lugar. Se Beltrano aparou um pedaço no passo 2, deverá escolher esse pedaço *a menos que* Sicrano já o tenha escolhido.

Nesta etapa, uma parte do bolo foi dividida sem inveja. Mas ainda temos que dividir os restos sem provocar inveja.

PASSO 4: Se Beltrano não fez nada no passo 2, não há restos, e o bolo já foi dividido. Caso contrário, Beltrano ou Sicrano ficaram com o pedaço aparado. Suponha que tenha sido Beltrano (se foi Sicrano, troque a partir de agora seus nomes na descrição sobre o que fazer). Então, Beltrano divide os restos em três pedaços que considera serem iguais.

PASSO 5: Basta que Sicrano, Fulano e Beltrano escolham, cada um, uma parte dos restos, nessa ordem. Assim, Sicrano é o primeiro a escolher, portanto não tem nenhum motivo para sentir inveja. Fulano não sentirá inveja de Sicrano, *qualquer* que seja a divisão dos restos, porque o máximo que Sicrano conseguirá é um pedaço que, para Fulano, certamente vale 1/3. E não sentirá inveja de Beltrano, porque poderá escolher antes dele. Beltrano não tem por que se queixar, pois foi ele quem dividiu os restos.

Ficamos todos presos neste ponto durante 30 anos. Existe algum procedimento para a divisão sem inveja entre n pessoas? Em 1995, Steven Brams e Alan Taylor descobriram um incrível procedimento para a divisão sem inveja entre qualquer número de participantes. O procedimento, ou protocolo, é incrivelmente complicado portanto não vou apresentá-lo aqui: leia o artigo que publicaram no *American Mathematical Monthly* ou no maravilhoso livro *Cake Cutting Algorithms*, de Jack Robertson e William Webb, ambos citados nas "Sugestões de leitura".

Haverá outras questões relacionadas a esse tema? Uma delas é a possibilidade de distribuirmos pedaços *desiguais*. Por exemplo, Alice e Bruno podem querer dividir o bolo de modo que Alice esteja convencida de que recebeu no mínimo 3/5, e Bruno, no mínimo 2/5 — ou seja, ambos buscam uma proporção de 3:2. Este problema tem soluções muito diferentes conforme a proporção desejada, que poderá ser expressa por números inteiros ou então se tratar de uma proporção irracional, como $\sqrt{2:1}$. No primeiro caso, Alice poderia ser substituída por três clones e Bob por dois, que dividiriam então o bolo de maneira justa. No segundo, porém, essa abordagem não funciona, pois não podemos fazer $\sqrt{2}$ clones de alguém. Ainda assim, mesmo no caso irracional podemos fazer a divisão com um número finito de cortes, embora não possamos prever de antemão quantos cortes serão necessários.

Uma das características mais interessantes da teoria da divisão do bolo é o que Robertson e Webb chamam de "sorte do desacordo". À primeira vista, poderia parecer que a divisão justa é mais simples quando todos concordam com o valor de cada pedaço do bolo — afinal, depois disso não poderão mais discutir sobre o valor de certo pedaço. Na verdade, ocorre o oposto: quando os participantes discordam dos valores, torna-se mais *fácil* agradar a todos.

Suponha, por exemplo, que Fulano e Beltrano estejam usando o algoritmo "eu corto, você escolhe". Fulano corta o bolo em dois pedaços que, em sua opinião, têm o mesmo tamanho: 1/2 cada um. Se Beltrano concordar com essa avaliação, o assunto está encerrado. Mas suponha que, na opinião de Beltrano, os dois pedaços tenham tamanhos de 3/5 e 2/5. Nesse caso, ele poderá, por algum motivo altruísta, decidir dar a Fulano 1/12 do que considera ser o pedaço maior (que, para ele, representará 1/20 do bolo como um todo). Ele ainda ficou com 3/5 - 1/20 = 11/20 do bolo, segundo sua avaliação. Um modo de fazer essa doação é pedir a Beltrano que divida o pedaço maior, segundo sua estimativa, em 12 partes que considere terem o mesmo tamanho. Ele então oferece a Fulano que escolha somente uma delas. Independentemente da escolha de Fulano, Beltrano ainda acredita ter ficado com 11/20. Fulano, por outro lado, vê-se diante de 12 possibilidades, cujo valor total é 1/2. Portanto, pelo menos uma delas valerá 1/24, em sua estimativa. Ao escolher esse pedaço, ele acabará com o que considera serem ao menos 13/24 do bolo. Portanto, agora Fulano e Beltrano acreditam ter recebido uma fatia *maior* que a justa.

A intuição, neste caso, não é que o desacordo sobre os valores deve levar a um desacordo sobre o que constitui uma divisão justa. Isso poderia ocorrer se uma terceira pessoa dividisse o bolo e insistisse em que Fulano e Beltrano aceitassem uma daquelas fatias predeterminadas, mas podemos evitar facilmente essa situação pedindo a Fulano e Beltrano que façam a divisão por conta própria. Pois nesse caso, se certo pedaço for mais valioso para Fulano que para Beltrano, será *mais fácil* satisfazer Fulano. O truque é fazermos os cortes e as escolhas do jeito certo, e só. Temos aqui um recado para as disputas políticas: é mais fácil encontrar uma solução se as partes envolvidas puderem se sentar à mesa de negociação para chegar a um acordo *por conta própria*. Um acordo imposto por uma entidade externa, por mais justo que pareça ao observador desinteressado, poderá não ser aceitável para os participantes.

Outro caso do mesmo princípio surge no problema da divisão de terrenos numa praia. Suponha que uma estrada reta passe perto de um lago na direção leste-oeste e que queiramos dividir a terra entre a estrada e o lago com cercas na direção norte-sul. O problema trata da divisão da terra entre n pessoas, de modo que todas recebam uma porção contínua de terra que considerem ter ao menos $1/n$ do valor total. A solução é serenamente simples. Basta tirarmos uma fotografia aérea do terreno e pedirmos a cada participante que desenhe linhas norte-sul de modo que, em sua estimativa, a terra seja dividida em n lotes de mesmo valor (Figura 14.1). Se todos os participantes desenharem as linhas nos mesmos lugares, então qualquer alocação satisfará a todos. Porém, se houver qualquer desacordo sobre a posição das linhas, poderemos fazer com que todos acreditem ter recebido uma porção justa *e* ainda sobrará um resto de terreno. A Figura 14.2 mostra um caso típico, no qual Fulano, Beltrano e Sicrano executaram esse procedimento. Claramente, podemos dar a Fulano seu primeiro terreno, a Beltrano o seu segundo e a Sicrano o seu terceiro — e ainda sobram alguns pedaços. A Figura 14.3 mostra

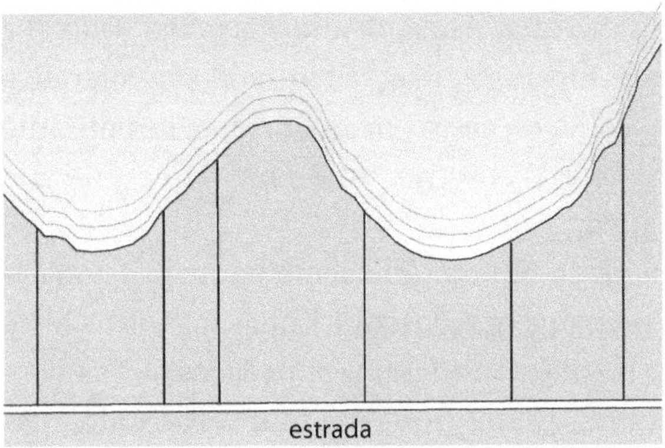

Figura 14.1
Divisão de uma pessoa de um terreno na praia.

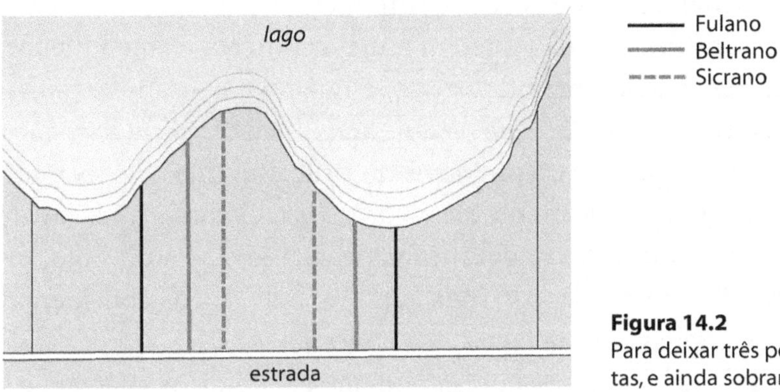

Figura 14.2
Para deixar três pessoas satisfeitas, e ainda sobrar terreno.

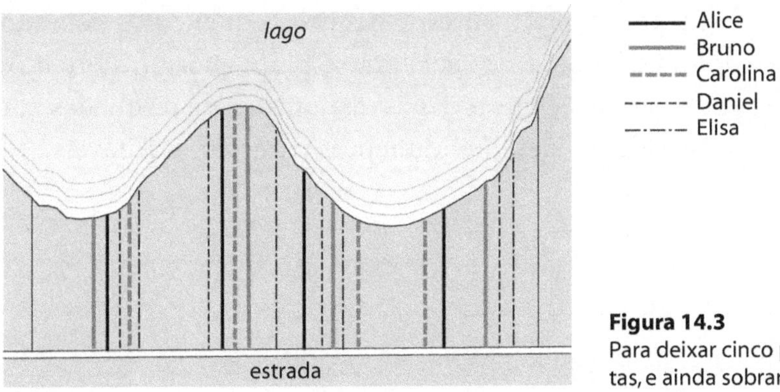

Figura 14.3
Para deixar cinco pessoas satisfeitas, e ainda sobrar terreno.

um exemplo mais complicado, no qual Alice, Bruno, Carolina, Daniel e Elisa desejam obter 1/5 da terra. Em 1969, Hugo Steinhaus provou que o mesmo ocorre em qualquer escolha de cercas na qual exista um mínimo desacordo. O livro de Robertson e Webb traz uma prova, que utiliza o princípio da indução matemática.

Você talvez queira considerar se um método semelhante funcionaria com um bolo. Peça a cada participante que desenhe linhas radiais na fotografia de um bolo, dividindo-o no que consideram ser pedaços que valham $1/n$. Compare então suas escolhas. É um problema muito parecido, mas com um porém: o bolo "dá a volta", formando um círculo. Mas e se você começar marcando uma única linha radial, a mesma em todas as fotos, e insistir em que os participantes a utilizem como um de seus cortes?

Também podemos resolver as discordâncias de avaliação ao contrário. Às vezes, as pessoas não querem a maior porção, e sim a menor. Por exemplo, existe algum método para que Fulano e Beltrano cortem a grama de um terreno de modo que os dois acreditem ter cortado menos da metade do gramado? Esse é o problema do "trabalho sujo", um parente relativamente negligenciado do problema da divisão do bolo. Você talvez goste da ideia de modificar os algoritmos de divisão justa do bolo, de modo que, quando n pessoas cortarem um gramado, todas considerem que seu pedaço é igual a, *no máximo*, $1/n$ do total.

Infelizmente, nem todas as tarefas podem ser divididas de maneira justa; ao menos não sem certas restrições razoáveis. Lavar a louça, por exemplo. Se cada pessoa tiver de lavar e/ou secar um prato inteiro, então, em casos extremos, não temos como pensar numa alocação justa. Imagine dois participantes, com um prato enorme e outro pequeno. Os dois vão preferir lavar o prato pequeno, e não aceitarão o prato enorme. Portanto, mesmo num mundo perfeito, onde todas as disputas sejam resolvidas por meio de negociações, alguns desentendimentos parecem inevitáveis.

CORREIO

James Fradgley enviou um comentário divertido sobre a realidade por trás da divisão justa do bolo. Vou reproduzi-lo na íntegra:

É uma abordagem matemática encantadora, mas simplesmente não funciona, pois muitas pessoas encaram a vida com a ideia de que "a grama do vizinho é sempre mais verde". Desse modo, uma coisa pode parecer justa num dado momento, mas não alguns minutos depois. Quando meus filhos tinham mais ou menos 4 e 5 anos, minha mulher dividiu um bolinho e deu a cada um uma porção de aproximadamente 50% do tamanho. Minha filha (a mais velha) falou imediatamente: "O pedaço dele é maior que o meu." Então, minha mulher perguntou ao nosso filho se ele achava que seu pedaço era maior que o da irmã. Ele respondeu que não e concordou em que trocassem os pedaços. Minha mulher então os trocou, acreditando que os dois ficariam contentes.

Mas...

Nossa filha olhou para os pratos trocados e disse: "O pedaço dele *ainda* é maior que o meu." Ora bolas, a divisão sem inveja não tem nada a ver com a realidade ou com a matemática!

- 15 -
Vaga-lumes frenéticos

Quando saem à procura de fêmeas, os vaga-lumes macho de alguns lugares da Ásia unem forças para sinalizar a busca, fazendo com que árvores inteiras se acendam com clarões verdes simultâneos, em sinal de desejo por uma parceira. Conseguimos entender *por que* o fazem — mas *como* conseguem fazê-lo?

Um dos maiores espetáculos da natureza ocorre após o pôr-do-sol no Sudeste Asiático, onde enxames gigantescos de vaga-lumes piscam em sincronia. O biólogo norte-americano Hugh Smith descreveu o fenômeno em 1935:

> Imagine uma árvore de 10 a 12 metros de altura, aparentemente com um vaga-lume em cada folha, todos piscando em perfeito uníssono, a uma frequência de cerca de três vezes a cada dois segundos — a árvore se mantém em completa escuridão entre os clarões. Imagine uma linha ininterrupta de mangues-vermelhos na margem de um rio, ao longo de 150 metros, com vaga-lumes em cada folha piscando em sincronia, os insetos das árvores nas extremidades da linha atuando em perfeito uníssono com os que estão no meio. Quem tiver uma imaginação suficientemente vívida poderá fazer uma ideia desse espetáculo incrível.

Por que os vaga-lumes piscam em sincronia? A razão biológica parece ser evolutiva. Somente os vaga-lumes machos piscam, e com isso atraem as fêmeas. Os clarões sincronizados as atraem de mais longe, o que lhes confere uma vantagem evolutiva.

E quanto à razão matemática? Em 1990, Renato Mirollo e Steven Strogatz demonstraram que a sincronia deve ocorrer inevitavelmente em certos modelos matemáticos, que presumem que cada vaga-lume interage com outro de uma maneira específica. A ideia é utilizar uma população de osciladores matemáticos acoplados por sinais visuais como um modelo para o comportamento dos insetos. O modelo incorpora algumas características biológicas dos vaga-lumes reais, mas trata-se evidentemente de uma simplificação. Vou explicar a palavra "oscilador" em seguida.

Os vaga-lumes utilizam uma substância química especial, capaz de emitir luz, para criar um clarão. Possuem um bom estoque da substância, mas sua liberação ocorre em pequenos surtos, segundo um ciclo repetitivo de "prontidão". Com efeito, é como se o inseto começasse a contar regularmente a partir do zero logo após piscar, só piscando outra vez ao chegar a cem. O estado de prontidão — o número ao qual a contagem chegou, por assim dizer — é a "fase" do ciclo.

Matematicamente, tal ciclo é um oscilador — uma unidade cuja dinâmica natural provoca a repetição continuada do mesmo comportamento. Podemos representar a população de vaga-lumes como uma rede de tais osciladores, que estão "acoplados" — interagem — de maneira "completamente simétrica". Isto é, cada oscilador afeta todos os demais, exatamente da mesma maneira. A característica mais incomum desse modelo, apresentado em 1975 pelo fisiologista Charles Peskin, é o fato de os osciladores estarem "acoplados pelo pulso". Isso significa que cada oscilador só afeta seus vizinhos no instante em que cria um clarão de luz. A dificuldade matemática consiste em desembaraçar todas essas interações. Mirollo e Strogatz fizeram isso aplicando técnicas da teoria dos sistemas dinâmicos, que tem nos osciladores um componente especialmente importante.

Os osciladores são uma fonte de ritmos periódicos, comuns — e fundamentais — na biologia. Nossos corações e pulmões seguem ciclos rítmicos cuja frequência se adapta às necessidades do organismo. Muitos dos ritmos da natureza são como os batimentos cardíacos: eles cuidam de si mesmos, funcionando como um "cenário de fundo". Outros são como a respiração: existe um "padrão" simples que funciona desde que não aconteça nada de incomum, mas também existe um mecanismo de controle mais sofisticado que pode entrar em ação quando necessário, adaptando os ritmos às necessidades imediatas.

Por que os sistemas oscilam? A oscilação é a coisa mais fácil que podemos fazer quando não queremos, ou não podemos, ficar parados. Por que um tigre enjaulado caminha de lá para cá? Seu movimento resulta de uma combinação de duas restrições. A primeira é o fato de estar inquieto e não querer ficar parado. A segunda é o fato de estar confinado na jaula e não poder simplesmente desaparecer na colina mais próxima. A oscilação é a coisa mais simples que podemos fazer quando queremos nos mexer mas não podemos escapar inteiramente. Naturalmente, não há nada que obrigue a oscilação a repetir um ritmo regular; o tigre é livre para seguir um caminho irregular dentro da jaula. Mas a opção mais simples — e, portanto, a que tem mais chance de ocorrer tanto na matemática como na natureza — é encontrar uma série de movimentos que funcione e repeti-la muitas e muitas vezes. É isso que chamamos de oscilação periódica. Um exemplo mais físico é a vibração de uma corda de violino. Ela também se move numa oscilação periódica; e o faz pelos mesmos motivos que o tigre. Não pode ficar parada porque foi retirada de seu ponto de repouso natural; e não pode escapar completamente, porque suas extremidades estão presas.

As oscilações dos vaga-lumes são criadas por um mecanismo chamado "integração-e-disparo" — ou, neste caso, "integração-e-clarão". Nesse tipo de oscilador, algum valor se acumula ("integra") até atingir um limiar. Quando atingido o valor limiar, o oscilador ativa uma alteração súbita ("disparo" ou "clarão") que faz com que o valor retorne ao zero, começando então a se acumular novamente (Figura 15.1). No vaga-lume, esse valor é a fase do ciclo que determina o momento do surto de liberação da substância que provoca o clarão. Quando a fase atinge o limiar, o vaga-lume pisca; a fase retorna então ao zero e o processo recomeça.

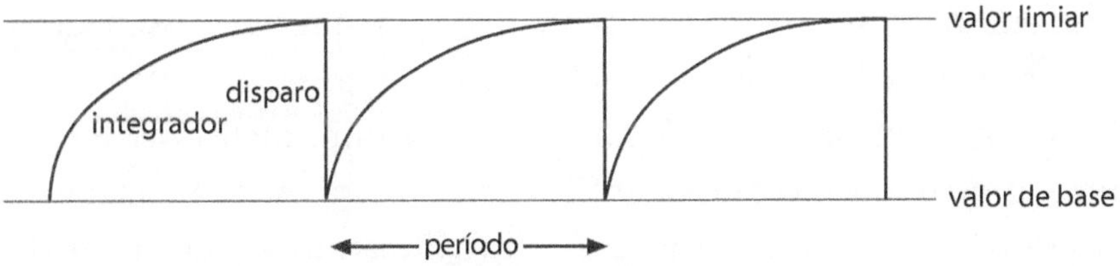

Figura 15.1
Oscilador de integração-e-disparo.

Observações no laboratório e na selva mostram que outros vaga-lumes são estimulados ao notarem um clarão, o que faz com que sua própria fase receba um incremento súbito. Isso os leva mais perto do limiar.

Dizemos que dois osciladores estão "acoplados" se um deles afeta o estado do outro. O exemplo clássico é a observação, feita pelo grande físico holandês Christiaan Huygens, de que pêndulos de relógios apoiados na mesma prateleira afetam um ao outro. Cada pêndulo faz com que a prateleira vibre, e as vibrações são transmitidas ao outro pêndulo. Essa interação muitas vezes provoca a sincronização dos pêndulos.

No entanto, osciladores acoplados *nem sempre* se sincronizam — um bom exemplo são as patas de um animal ao caminhar. Cada pata é um oscilador, e o corpo do animal as acopla, mas as patas normalmente não se movem todas ao mesmo tempo. Um enxame de vaga-lumes se comporta como um sistema de osciladores acoplados; nesse sistema, a sincronia aparentemente é a norma. A função do matemático é descobrir por quê.

Peskin deu o primeiro passo em direção a um entendimento. Num estudo sobre a sincronização das fibras musculares do coração, ele criou um modelo particular de oscilador do tipo "integração-e-disparo". Seu modelo apresenta uma equação específica para explicar como a fase se acumula. Podemos aplicar a mesma equação aos vaga-lumes — estudos fisiológicos mostram que esse modelo é uma representação razoável, embora não exata, do seu ciclo de clarões. Peskin também apresentou uma importante ideia relacionada ao acoplamento dos pulsos de osciladores do tipo "integração-e-disparo". Tais osciladores afetam os outros *somente* quando disparam. Quando o fazem, emitem um sinal aos demais, provocando um aumento súbito em suas fases. Se esse aumento fizer com que outro oscilador atinja o limiar, este também disparará, e assim por diante.

E os sinais visuais emitidos por um vaga-lume afetam as substâncias químicas de um outro exatamente dessa maneira. Ao ver o clarão de um vizinho o vaga-lume é estimulado, aproximando-se do limiar. Peskin provou que se dois osciladores idênticos do tipo "integração-e-disparo" acoplados pelo pulso obedecerem à sua equação, acabarão por se sincronizar. (Na verdade, se suas fases iniciais começarem em valores muito especiais os clarões se alternarão periodicamente, mas esse estado é instável — pode ser destruído pela menor perturbação. A não ser nesses valores especiais, o sistema sempre entra em sincronia. Portanto, podemos dizer que "quase sempre" se sincroniza.)

Peskin também conjecturou que o mesmo ocorreria em qualquer rede de osciladores do tipo "integração-e-disparo" acoplados. Mirollo e Strogatz provaram essa conjectura, presumindo uma equação mais geral que a de Peskin. Com base em algumas hipóteses técnicas, citadas em seu artigo, os autores demonstraram que, num sistema com qualquer número de osciladores acoplados idênticos, todos acoplados a todos, os osciladores quase sempre acabarão por entrar em sincronia. (Novamente, existe um raro conjunto de condições iniciais em que o comportamento é periódico; porém, esses estados também são instáveis, daí o "quase".) A prova se baseia numa ideia chamada "absorção", que ocorre quando dois osciladores com fases diferentes se associam, e a partir de então permanecem na fase um do outro. Como o acoplamento é completamente simétrico, um grupo de osciladores que se associe não conseguirá mais se desassociar. Uma prova geométrica e analítica demonstra que uma sequência dessas absorções deve finalmente associar todos os osciladores.

Podemos explorar o sistema dos vaga-lumes com um modelo mais simplificado — o jogo chamado Flash, jogado com peças que se movem ao redor de um quadrado. Vou ilustrar o jogo num quadrado de 6 × 6, mas você pode utilizar o tamanho que preferir — um tabuleiro de xadrez de 8 × 8, ou o tabuleiro de 10 × 10 de Banco Imobiliário® também servem. Flash utiliza somente a borda externa (Figura 15.2). Um dos cantos (marcado com bordas escuras) é a casa "flash". Os quatro lados

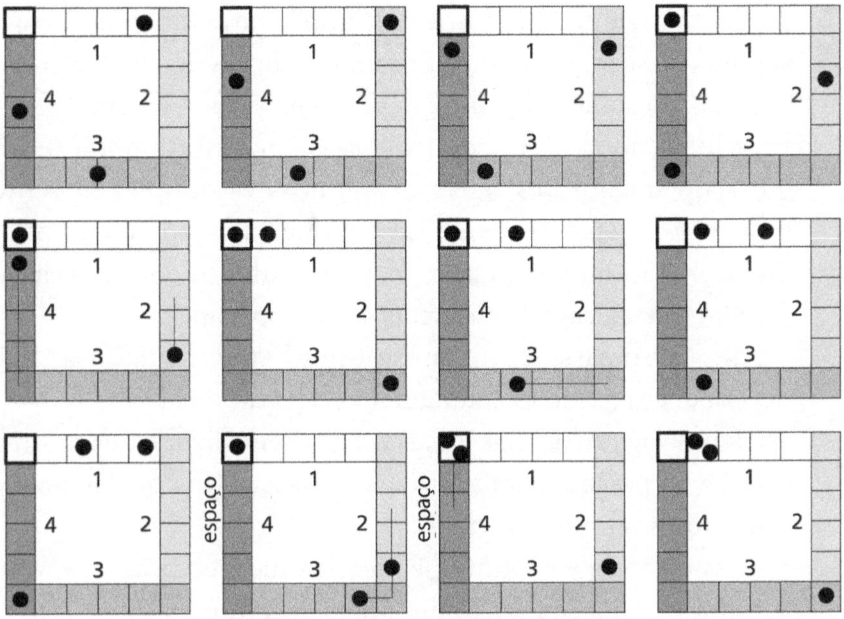

Figura 15.2
Estágios iniciais do jogo Flash. O "salto" indica que alguns estágios foram omitidos. As linhas indicam o incremento gerado pelo clarão de outro vaga-lume.

recebem os números 1, 2, 3 e 4, em sentido horário. Colocamos aleatoriamente no tabuleiro algumas peças, que representam os vaga-lumes: eu utilizei três, mas você pode usar qualquer outra quantidade. A posição de um vaga-lume indica sua fase: quanto mais um vaga-lume caminha no sentido horário, mais se aproxima do limiar. A casa "flash" representa o valor limiar, no qual o vaga-lume pisca e seu estoque da substância volta a zero.

O jogo ocorre numa série de "etapas", nas quais cada vaga-lume se aproxima ao menos uma casa. As regras de cada etapa são:

1. Mova cada vaga-lume uma casa no sentido horário (incrementando a fase conforme seu ciclo natural). Para interpretar as regras, é mais fácil pensarmos como se todos eles se mexessem simultaneamente, embora, na prática, você tenha que movê-los um de cada vez.

2. Se algum vaga-lume cair na casa "flash", mova todos os outros em sentido horário, saltando um número de casas igual ao número do lado do tabuleiro no qual se encontram. Por exemplo, um vaga-lume no lado 3 anda três casas em sentido horário. (Esse é o acoplamento dos pulsos. Os outros vaga-lumes notam que o primeiro disparou, o que faz com que se aproximem mais do limiar. Vaga-lumes com fases maiores avançam por mais casas — é assim que os vaga-lumes reais se comportam.)
3. Se, durante o passo 2, algum vaga-lume atravessar a casa "flash", deverá ficar parado exatamente nessa casa.
4. Se algum vaga-lume cair na casa "flash" em virtude dos passos 2 e 3, volte ao passo 2 para esse vaga-lume e mova novamente todos os outros, segundo a regra 2.
5. Se dois ou mais vaga-lumes caírem na mesma casa, mova-os em conjunto, como se fossem um único vaga-lume.

A Figura 15.2 mostra as primeiras etapas do jogo. Para economizar espaço, ilustrei os oito primeiros movimentos, mas depois disso as etapas foram removidas ("salto") a menos que um vaga-lume atinja a casa "flash".

Na sequência apresentada, dois vaga-lumes caíram na mesma casa, o que significa que sincronizaram seus disparos. Esse é um caso de "absorção", e as regras determinam que, a partir de então, devem se mover em conjunto, portanto jamais poderão se dessincronizar. Se você seguir em frente, verá que os três vaga-lumes acabam por entrar em sincronia.

Experimente jogar Flash com diferentes posições iniciais e quantidades de vaga-lumes. Eles quase sempre entram em sincronia se você jogar por tempo suficiente. No entanto, imagino que, com tabuleiros de certos tamanhos, possamos encontrar posições iniciais que levem a um comportamento periódico e assincrônico. Tais posições correspondem aos estados instáveis da teoria de Mirollo-Strogatz. O jogo Flash é um modelo de estados finitos, mais simples que o analisado por Mirollo e Strogatz, ainda que semelhante, e pode não se comportar exatamente da mesma maneira.

Podemos aplicar ideias semelhantes a muitos outros sistemas além dos vaga-lumes. Entre suas aplicações estão as células marca-passo do coração, redes de neurônios no cérebro (entre elas as que controlam os ritmos circadianos), as células secretoras de insulina no pâncreas, grilos e gafanhotos que cantam em uníssono e grupos de mulheres cujos ciclos menstruais entram em sincronia. E, como mostrou numa carta um motorista de ônibus de uma cidade do interior, a ideia também está bastante relacionada ao fenômeno de esperarmos durante horas por um ônibus... e de repente surgem três ao mesmo tempo. Ônibus sincronizados!

CORREIO

Durante este capítulo, questionei se o jogo de Flash, ao invés de levar a uma sincronia completa, não poderia resultar numa situação na qual exista algum ciclo periódico sem que as peças ocupem a mesma casa. (Isso não ocorre no modelo matemático que representa a sincronização do vaga-lume, no qual a "fase" do ciclo é uma variável contínua, mas torna-se uma possibilidade no problema análogo do jogo de Flash, que utiliza estados discretos. Também pode ocorrer em outros modelos matemáticos semelhantes que utilizam fases de variação contínua — e que, portanto, podem entrar num estado de "caos".)

William J. Evans, de Irvine, na Califórnia, descobriu que, se o jogo for jogado no perímetro de um tabuleiro de 12 × 12 com cinco vaga-lumes, existem estados iniciais que levam a um ciclo periódico. Sua análise levou à conclusão de que a posição da Figura 15.3.a, com cinco vaga-lumes em fases diferentes, leva, após 27 jogadas, ao da Figura 15.3.b; além disso, essa segunda configuração se repete depois de mais 38 jogadas — gerando um ciclo de período 38 que se mantém indefinidamente.

Cindy Eisner (Rehov, Israel) entrou de cabeça na questão. Ela executou uma análise completa de todos os tabuleiros de tamanhos moderados, encontrando o maior grupo de vaga-lumes no qual nenhum par entra em convergência (até tabuleiros de 16 × 16), o número de estados iniciais nos quais não ocorrem convergências (até tabuleiros de 15 × 15)

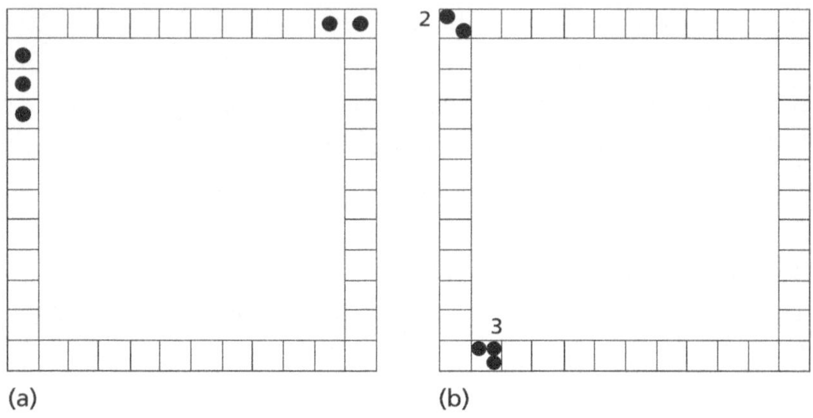

Figura 15.3
Como obter estágios que jamais se sincronizam. Comecei com (a).
O jogo então segue até (b), que se repete a cada 38 movimentos.

e o número de estados iniciais nos quais não ocorre uma sincronização final (até 11 × 11). Por exemplo, num tabuleiro de 4 × 4, o maior grupo de vaga-lumes no qual nenhum par entra em convergência contém quatro vaga-lumes, que começam nas posições 1, 4, 7, 11: a dinâmica é um ciclo de extensão 10. Num tabuleiro de 15 × 15, o maior grupo de vaga-lumes no qual não ocorrem convergências contém 15 vaga-lumes, que começam nas posições 0, 4, 6, 8, 11, 13, 17, 21, 24, 27, 31, 37, 41, 46, 51: a dinâmica é um ciclo de extensão 41. No tabuleiro de 15 × 15, existem 124.523 estados iniciais que não geram nenhuma convergência, de um total de $7{,}20576 \times 10^{16}$ possibilidades. Num tabuleiro de 11 × 11, existem $6{,}76099 \times 10^{10}$ estados iniciais que não geram uma sincronização final, de um total de $1{,}09951 \times 10^{12}$ possibilidades.

Além disso, em tabuleiros de qualquer tamanho, sempre existem condições iniciais com dois vaga-lumes que jamais convergem. Por exemplo, coloque-os nas posições 0 e 2n - 3 em qualquer tabuleiro de tamanho n × n. O ciclo tem extensão 2n × 2, e Cindy conjecturou que os estados desse ciclo são os únicos que não geram sincronia entre apenas dois vaga-lumes.

- 16 -
Por que o fio do telefone fica enroscado?

O problema do fio do telefone enroscado é tão comum que as empresas vendem aparelhos para desenroscá-los, ou para evitar que se enrosquem, ou para eliminar os fios completamente (é a tecnologia "wi-fi", que, quando eu era garoto, chamávamos simplesmente de "rádio". Como os tempos mudam!). Por que o fio do telefone se enrosca, e o que isso tem a ver com o DNA?

Por que o fio do telefone sempre fica enroscado?

Estou falando desses fios extensíveis que formam uma longa espiral helicoidal, ligados aos telefones presos à parede. Quando você instala o telefone, o fio fica pendurado, bem bonito e organizado. Porém, com o passar das semanas, começa a se enroscar. Podemos ver o mesmo efeito num elástico — as tiras planas são as melhores — se segurarmos frouxamente as extremidades entre o polegar e o indicador de cada mão e girarmos os dedos (Figura 16.1). Ou então podemos começar com um pedaço de barbante entre o indicador e o polegar e girar as extremidades. Esse tipo de comportamento é chamado "superenovelamento" e surge em muitas áreas da ciência, dos cabos de comunicação submarinos ao DNA.

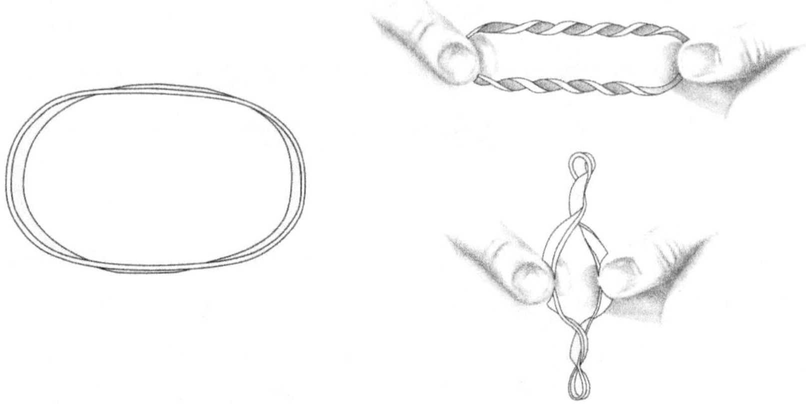

Figura 16.1
Superenovelamento de um elástico.

Eu sei por que o fio do telefone se superenovela na *minha* casa. Os detalhes específicos talvez não se apliquem à sua, mas o mecanismo geral provavelmente sim. É o mesmo mecanismo que faz com que o elástico e o barbante se enrosquem dessa maneira característica. Quando o telefone toca, eu o apanho com a mão direita e o giro aproximadamente num ângulo reto. No entanto, para poder falar, transfiro o telefone à minha mão esquerda, fazendo-o girar por mais dois ângulos retos. Quando termino, uso a mão esquerda para recolocá-lo no gancho, provocando um último giro em ângulo reto. Portanto, cada vez que uso o telefone, provoco um giro de 360° no fio — e sempre na mesma direção.

Se eu o mantivesse na mão direita, talvez se desenroscasse ao ser recolocado no gancho. Mas essa transferência entre as duas mãos sela o destino do fio. O mesmo ocorre com os cabos elétricos das ferramentas de jardim. Após o uso, enrosco-os no meu ombro como a corda de um montanhista. Ao longo do tempo, o cabo se torna cada vez mais enroscado. Alguma coisa está enroscando as espirais — mas o quê?

O ramo da matemática que organiza o modo como pensamos nesse tipo de questão é a topologia — a "geometria da folha de borracha", a geometria das transformações contínuas. Os topólogos distinguem duas maneiras diferentes de enroscar tiras planas: *voltas* e *torções*. Para que possamos entender com mais facilidade a diferença entre os dois conceitos e a relação entre eles, podemos usar uma longa tira de papel resistente — sugiro uma com 20cm de comprimento e 1cm de largura. Convém que um lado seja distinguível do outro: pinte um lado de vermelho e o outro de azul, ou use um papel que já tenha lados diferentes.

Segure a tira de modo que se mantenha plana, perpendicular ao seu corpo, prendendo a extremidade mais próxima com o polegar e o indicador da mão esquerda e a mais distante com os mesmos dedos da mão direita. Indicadores em cima, polegares embaixo.

Agora, mova a mão direita de modo a enroscar a tira ao redor do dedo médio da mão esquerda (Figura 16.2.a) — você precisará mover o polegar e o indicador direitos, sem chegar a soltar a fita, para conseguir fazê-lo confortavelmente. Pode parecer complicado, mas será um movimento perfeitamente natural se você usar uma verdadeira fita de papel. A seguir, retire o dedo médio esquerdo, deixando uma volta livre (Figura 16.2.b). Se a tira fosse ligeiramente elástica (o que *não* ocorre com o papel verdadeiro, mas *ocorre* com o papel dos topólogos), você poderia apoiá-la num plano, mas ela se sobreporia a si mesma. Em todas essas três representações, você inseriu uma *volta* na tira previamente plana.

Agora volte à situação da Figura 16.2.b e separe as mãos, puxando suavemente a fita. Esta se deforma, resultando na Figura 16.2.c. Não temos mais uma volta, e sim uma *torção*. Você poderia obter o mesmo efeito segurando a fita plana em frente a seu corpo, mantendo fixa a extremi-

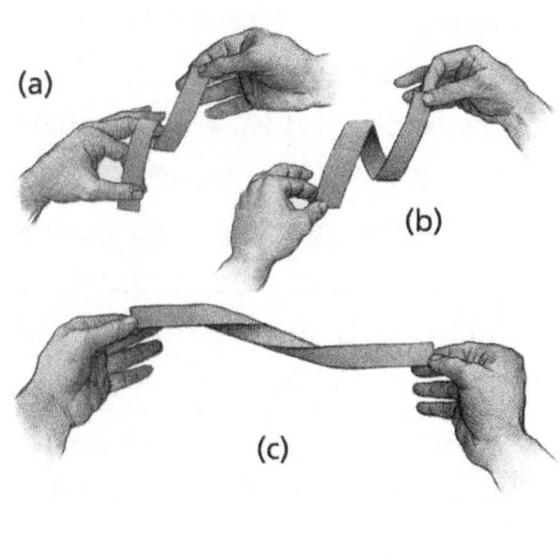

Figura 16.2
(a) Envolva seu dedo com a tira de papel.
(b) Retire o dedo.
(c) Puxe convertendo a volta em torção.

dade esquerda e torcendo a direita num ângulo de 360°. Portanto, vemos que, topologicamente, é possível deformar uma volta, transformando-a numa torção.

Há uma questão técnica importante. Tanto as voltas como as torções possuem direções — podem ser "positivas" ou "negativas". Não é muito difícil determinar qual é qual, mas não quero sobrecarregar a leitura com os detalhes, portanto podemos resolver o problema do mesmo modo como o Ursinho Puff aprendeu a diferenciar o lado direito do esquerdo. Ele sabia que, uma vez que houvesse descoberto qual pata era a direita, a outra seria a esquerda: o problema era como começar. Neste caso, quando decidirmos que certa volta ou torção é positiva, sua imagem espelhada será negativa. A maneira mais fácil é declararmos que a volta da Figura 16.2.b é positiva, mas a torção da Figura 16.2.c é negativa. Portanto, na verdade o número de voltas é *menos* o número de torções. Essa escolha nos leva à simples equação $V + T = 0$, onde V é o número de voltas e T o de torções. Se usássemos uma convenção diferente sobre os sinais teríamos $V - T = 0$. As duas equações são válidas, mas precisamos escolher uma delas e usá-la até o final.

Voltemos ao início, com a fita plana. Desta vez, enrosque-a duas vezes ao redor do dedo médio — duas voltas (positivas). Ao separar as mãos, elas se transformam numa torção dupla (de 720°). Portanto, podemos transformar duas voltas (positivas) em duas torções (negativas). Por sinal, duas voltas (positivas) também podem se transformar em uma volta (positiva) mais uma torção (negativa). Experimente utilizar três ou quatro voltas: você descobrirá que qualquer número de voltas (positivas) poderá se transformar no mesmo número de torções (negativas).

De fato, podemos provar essa afirmação. A Figura 16.3.a mostra como uma volta positiva se transforma numa torção negativa, se mantivermos as extremidades sempre numa orientação fixa — como se usássemos os dedos para apoiar as extremidades da fita numa mesa, apenas deslizando-as sobre o tampo. A Figura 16.3b mostra uma série de voltas (três, neste caso). Podemos subdividi-las mentalmente com três "fronteiras", formando três voltas separadas. Assim, podemos transformar cada volta separada numa torção, mantendo as linhas fronteiriças

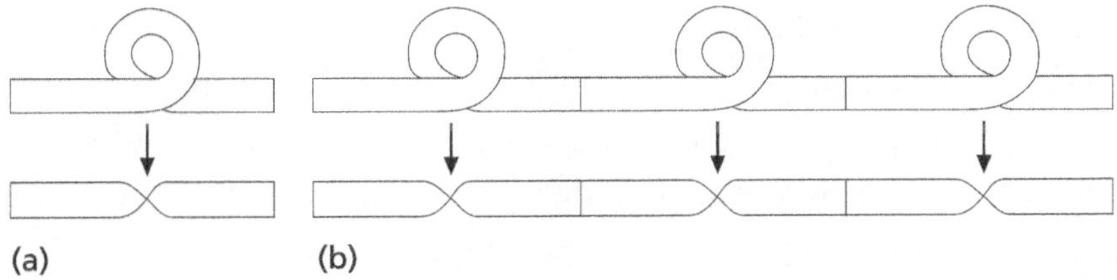

Figura 16.3
(a) Uma volta vira uma torção.
(b) Repita o procedimento para fazer com que cada número de voltas torne-se esse mesmo número de torções.

apoiadas sobre a mesa. Como a orientação das fronteiras nunca muda, as três torções se "grudam" naturalmente, formando uma única torção tripla. É claro que o número três não tem nada de especial, assim concluímos que uma fita com certo número de voltas positivas pode ser transformada numa fita com o mesmo número de torções negativas. Portanto, $V + T = 0$, como eu dizia.

À primeira vista, um barbante comum parece diferente de uma fita elástica. No entanto, podemos acompanhar o modo como o barbante se superenovela imaginando que, inicialmente, uma fita plana corre pelo seu interior. À medida que você enrosca uma extremidade do barbante, essa fita também se enrosca, e o número de torções na fita conta o número de vezes que você gira o barbante. Se você mantiver o barbante esticado, só lhe restará formar torções, mas se aproximar as extremidades, o barbante preferirá formar voltas, e é assim que surge o superenovelamento.

O barbante prefere se enroscar pelo fato de ser ligeiramente elástico, não no sentido de uma fita elástica, mas no sentido da engenharia, em que é dobrável, gerando uma força que tende a levá-lo de volta à posição original. Quanto mais o dobramos, maior é a força com a qual ele tenta se endireitar. A preferência por voltas em relação a torções foi explicada em 1883 por A.G. Greenhill, que demonstrou que um objeto com voltas possui menor energia elástica que um objeto correspondente com torções. O mesmo vale até mesmo para fitas de papel, como podemos confirmar experimentalmente: a menos que cedamos energia à fita, segurando-a tesa, ela prefere formar voltas. Greenhill acrescentou um detalhe, provando que se um bastão infinitamente longo for torcido por forças "no infinito", ele se dobrará, formando uma hélice. Em 1990, J. Coyne demonstrou que essa hélice rapidamente se localiza, formando uma torção solitária, e o bastão acaba por se contrair para dentro, transformando a torção numa pequena alça localizada — uma volta. Se permitirmos que o bastão se contraia ainda mais, a alça adquire um número cada vez maior de voltas. Recentemente, três matemáticos australianos — D.M. Stump (Universidade de Queensland), W.B. Fraser (Universidade de Sydney) e K.E. Gates (Universidade de Queensland) — analisaram a teoria da elasticidade de um bastão retorcido usando um modelo com pressupostos mais realistas. Assim, encontraram fórmulas específicas para o formato exato do superenovelamento, especialmente úteis para engenheiros que instalam cabos submarinos, nos quais esse tipo de enroscamento é comum — e problemático.

Em princípio, o caso do fio do telefone é mais complicado porque o fio já começa como uma hélice — já está cheio de voltas (e/ou torções, dependendo do seu ponto de vista). Ainda assim, ele também transforma torções em voltas, exatamente como o barbante comum — desde que você não permita que sua hélice própria se desfaça. (O fio do telefone também pode ter "defeitos" engraçados, onde as hélices sucessivas não se encaixam direito — esses casos são mais sutis.) Você pode imaginar um barbante longo e grosso passando pelo meio da hélice, com uma fita longa e plana em seu interior; assim, quando o fio do telefone se enrosca, ocorre o mesmo com o barbante e com a fita.

A molécula de DNA, o material hereditário dos organismos vivos, é — como o fio do telefone — uma hélice. Mais precisamente, trata-se de uma hélice dupla, na qual duas fitas helicoidais se enroscam uma ao redor da outra. Os biólogos estudaram a geometria da "dupla-hélice" do DNA sob diversas condições e descobriram que ela também se superenovela, com transições de voltas para torções. A compreensão dessas transições é importante para a interpretação de imagens feitas por microscopia eletrônica de trechos circulares de DNA (Figura 16.4). Além disso, como mencionei há pouco, o DNA e o fio do telefone têm uma propriedade diferente do barbante comum: são capazes de fazer ou desfazer suas

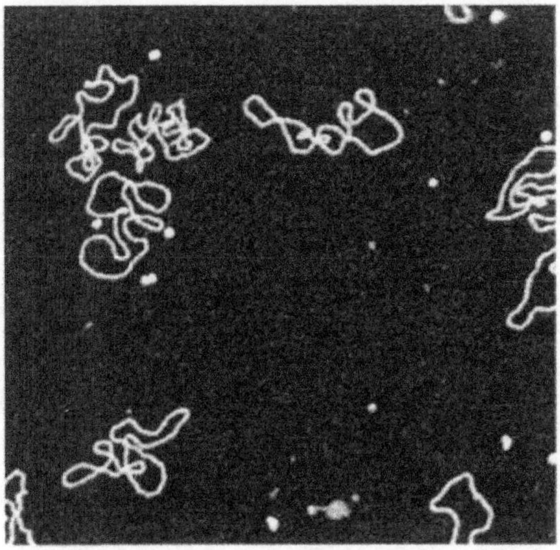

Figura 16.4
Imagens de DNA feitas por microscópios eletrônicos.

próprias estruturas helicoidais. Uma característica topológica simples de tudo isto poderá lhe dar uma ideia das teorias muito mais sofisticadas que estão sendo concebidas por topólogos e biólogos. Está relacionada a três características de pedaços circulares de DNA:

- O *número de ligações* L — o número de vezes em que uma fita se cruza com a outra quando a molécula é apoiada sobre o plano.
- O número T de *torções* helicoidais no DNA.
- O *número de voltas* V, que mede o superenovelamento.

A fórmula básica é muito elegante:

$$L = T + V,$$

que generaliza a nossa fórmula anterior, $T + V = 0$ numa fita plana, e que pode ser provado da mesma maneira. As extremidades de uma fita plana não estão ligadas: para elas, $L = 0$. Num certo trecho circular de DNA, L é fixo, mas podemos substituir voltas por torções ou vice-versa. A Figura 16.5 mostra o funcionamento da fórmula, usando um trecho circular de DNA. A primeira figura tem $L = T = 20$ e $V = 0$. Na segunda

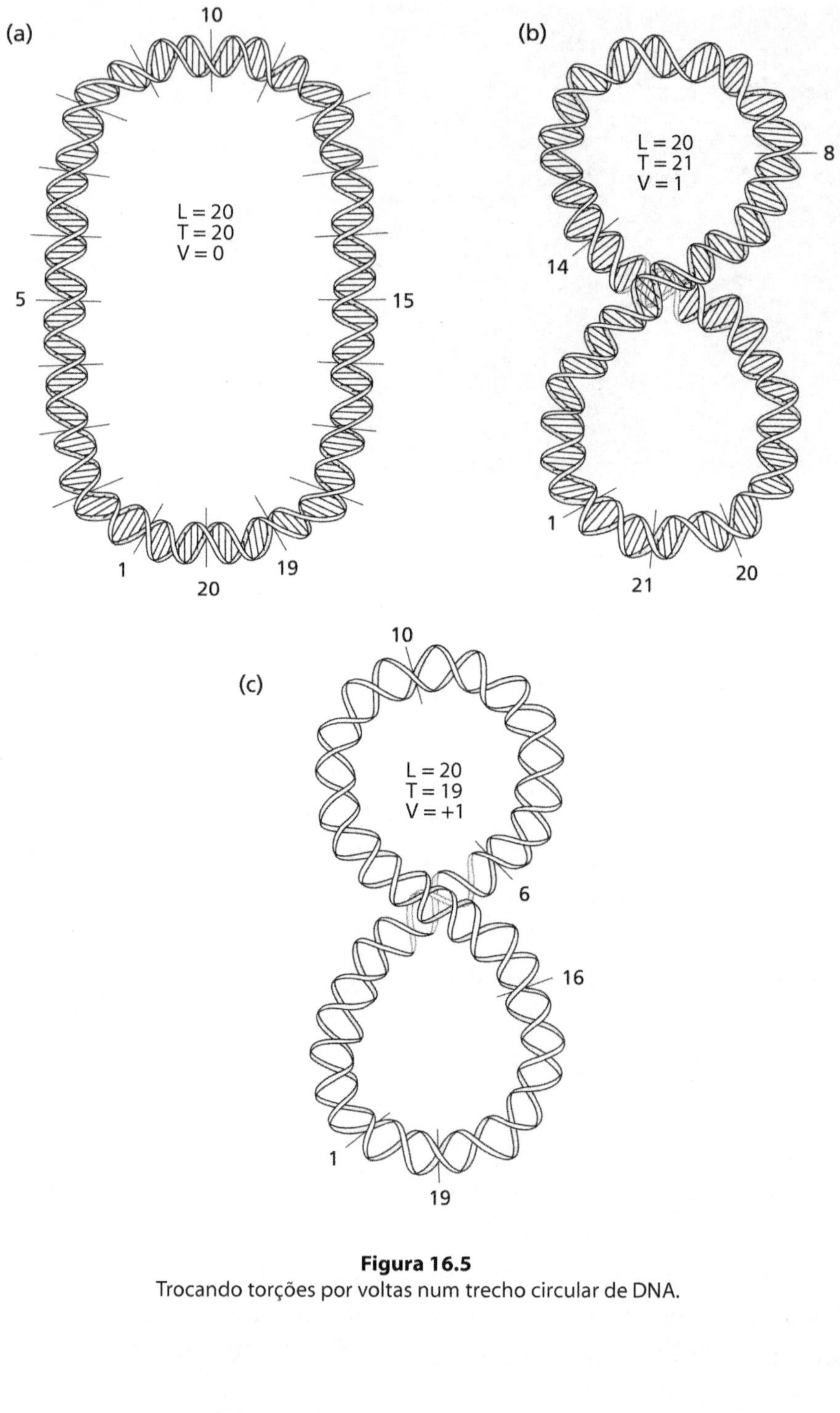

Figura 16.5
Trocando torções por voltas num trecho circular de DNA.

figura foi inserida uma torção adicional, portanto T passa a ser 21. Em compensação, forma-se uma volta negativa (V = -1), gerando a aparência de um "8". A terceira figura mostra que se, ao invés disso, inserirmos uma torção negativa (transformando T em 19), então V mudará para +1. Novamente obtemos a aparência de um "8", mas com a outra fita por cima. Para maiores informações, veja o livro *DNA Structure and Function*, de Richard B. Sinden.

Eu poderia dizer muito, muito mais sobre a topologia do DNA, mas o espaço não o permite. No entanto, até mesmo o caso das voltas e torções já serve como um exemplo fascinante das inter-relações entre vários aspectos do mundo real e do modo como alguns princípios matemáticos simples podem revelar essa unidade oculta.

- 17 -
O triângulo onipresente de Sierpinski

Há apenas 80 anos, um matemático polonês inventou uma curva que cruzava a si mesma em todos os pontos. Mal sabia ele que essa mesma forma surgiria em toda parte na paisagem matemática, do triângulo de Pascal ao quebra-cabeça da Torre de Hanói. Mas por que a resposta é 466/885 e não 8/15?

Números estranhos, formas estranhas... Essas são as coisas que dão à matemática seu encanto entre aqueles que a adoram. E, ainda mais, conexões estranhas — temas que parecem totalmente diferentes, mas que possuem uma unidade oculta, secreta. Um dos meus preferidos é o triângulo de Sierpinski, ilustrado na Figura 17.1. Usando o termo popularizado por Benoit Mandelbrot, trata-se de um "fractal", formado por cópias menores de si mesmo... Mas também tem conexões com as autointerseções de curvas, o triângulo de Pascal, o quebra-cabeça da Torre de Hanói e o curioso número 466/885, cujo valor numérico é aproximadamente 0,52655. Esse número deveria figurar em todas as listas de "Números mais significativos do que parecem", ao lado de π, da proporção áurea e outros.

O triângulo de Sierpinski recebeu seu nome em homenagem ao matemático polonês Waclaw Sierpinski, que nasceu em Varsóvia, em 14 de

Figura 17.1
Triângulo de Sierpinski.

março de 1882. Em 1909, deu o primeiro curso sistemático sobre teoria dos conjuntos de que se tem notícia. A maior parte de suas pesquisas tratava de teoria dos conjuntos e topologia geral. Ao longo de sua carreira, escreveu o incrível número de 720 artigos científicos (publicados entre 1906 e 1968), além de 106 artigos expositivos e 50 livros. Morreu em Varsóvia, em 21 de outubro de 1969, e sua lápide traz as bem escolhidas palavras (em polonês) "Explorador do Infinito".

O triângulo surgiu em cena em 1915, como "uma curva ao mesmo tempo de Jordan e de Cantor, na qual todos os pontos são pontos de ramificação". Em termos menos formais, trata-se de uma curva que cruza a si mesma em todos os pontos — um caso clássico de uma propriedade geométrica tão contraintuitiva que suas formas ficaram conhecidas como "curvas patológicas". Hoje são vistas como um tópico natural e central na matemática, ilustrando os perigos de uma intuição geométrica excessivamente ingênua; porém, quando surgiram, a maioria dos matemáticos as recebeu como se fossem monstruosidades medonhas. Sierpinski tinha mais imaginação, e as achou fascinantes.

Em termos mais estritos, o triângulo de Sierpinski cruza a si mesmo em todos os pontos, exceto nos três vértices. A resposta de Sierpinski a essa objeção era que, se dispuséssemos seis cópias do triângulo de modo que formassem um hexágono regular, o resultado seria uma curva que cruzava a si mesma em *todos* os pontos.

Algum tempo antes, em 1890, outro francês, Edouard Lucas, descobrira um teorema que, em retrospecto, apresentava uma conexão entre o triângulo de Sierpinski e o famoso triângulo de Pascal (Figura 17.2), no qual cada número é a soma dos dois números acima, imediatamente à direita e à esquerda. Tecnicamente, esses números são conhecidos como coeficientes binomiais, e a k-ésima entrada da fila n é o número de maneiras diferentes de escolhermos k objetos a partir de n. O triângulo foi creditado (incorretamente) a Blaise Pascal, que escreveu a seu respeito em 1665. No entanto, ele já aparece na página de abertura de um texto de aritmética de Petrus Apianus, escrito no início do século XVI, e pode ser visto num livro de matemática chinês de 1303. De fato, podemos encontrar referências ao triângulo feitas perto de 1100 por Omar Khayyam, que aparentemente o conheceu a partir de fontes árabes ou chinesas mais antigas. Sir Isaac Newton apresentou uma fórmula explícita para os números do triângulo de Pascal, mas essa fórmula já era conhecida pelo matemático indiano Bhaskara, no século XII, embora o indiano utilizasse uma notação diferente.

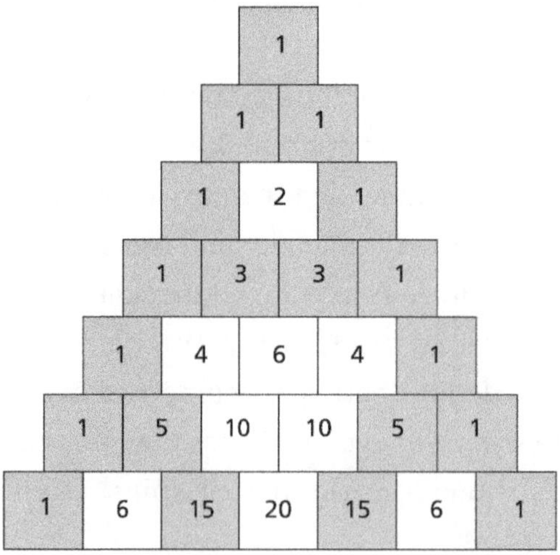

Figura 17.2
Triângulo de Pascal com números ímpares em cinza.

Lucas se perguntou: quais números do triângulo de Pascal são pares ou ímpares? Na Figura 17.2, marquei em cinza os números ímpares, mas, para observar o padrão completo, precisamos de um diagrama maior. O uso de um computador facilita o experimento: o resultado, na Figura 17.3, é notável e surpreendente. Os coeficientes binomiais ímpares se parecem muito com uma versão "discreta" do triângulo de Sierpinski. Lucas encontrou uma explicação matemática para esse padrão em 1890, baseada no uso de notação binária para os números. Podemos obter padrões semelhantes se nos perguntarmos quais coeficientes binomiais são múltiplos de 3, ou deixam resto 1 ou 2 quando divididos por 3 — ou, de modo mais geral, quais deles deixam um resto dado quando divididos por algum número escolhido. Os padrões resultantes são, no mínimo, tão bonitos quanto o dos números pares/ímpares: veja o artigo de Marta Sved nas "Sugestões de leitura".

Uma consequência curiosa é o fato de que "quase todos" os coeficientes binomiais são pares — isto é, à medida que o triângulo de Pascal aumenta indefinidamente de tamanho, a proporção de números ímpares se aproxima cada vez mais de 0. Isso ocorre porque, como o triângulo é uma curva, sua área — que, no limite, representa a proporção de coeficientes binomiais ímpares — é zero. David Singmaster levou essa observação adiante, provando que, para qualquer *m*, quase todos os coeficientes binomiais são divisíveis por *m*.

Figura 17.3
Números ímpares (preto) e pares (branco) no triângulo de Pascal.

Ao que parece, Lucas era assombrado — ainda que sem sabê-lo — pelo triângulo de Sierpinski. Em 1883, ele comercializou, sob o pseudônimo N. Claus (o sobrenome é um anagrama do seu), o famoso quebra-cabeça conhecido como Torre de Hanói. O jogo consiste em oito (ou menos) discos montados sobre três pinos — o caso com 3 discos é mostrado na Figura 17.4 —, sendo um velho companheiro dos matemáticos recreativos e dos cientistas da computação. Os discos são montados em um dos pinos por ordem de tamanho, como ilustrado, e deve-se mover um de cada vez, de modo que nenhum disco fique em cima de um disco menor, até que todos terminem numa única pilha, mas num pino diferente do inicial.

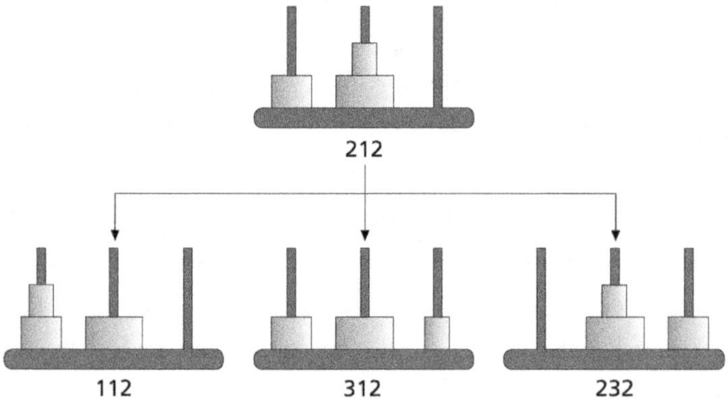

Figura 17.4
Posição típica na Torre de Hanói com três discos, e seus movimentos permitidos.

Sabemos muito bem que a solução tem uma estrutura recursiva. Isto é, podemos deduzir a solução para o jogo com $(n + 1)$ discos a partir do jogo com n discos. Por exemplo, suponha que você saiba como resolver o jogo com 3 discos e seja então apresentado à versão com 4 discos. A princípio, ignore o disco de baixo e use seu conhecimento do jogo com 3 discos para transferir os primeiros três discos para um pino vazio. Agora, temporariamente, observe o quarto disco, apoiado completamente só no pino original, e mova-o para o outro pino vazio. Volte então a ignorá-lo, mas lembre-se do pino em que está, e use o seu conhecimento sobre o jogo com 3 pinos para transferir os três primeiros discos para esse pino — em cima do quarto disco, o que resolve a charada. Dessa maneira, podemos resolver um jogo com 100 discos se soubermos como resolver o jogo com 99 discos, e pelo mesmo motivo podemos resolver o jogo com 99 discos se soubermos como resolver o jogo com 98 discos, e assim por diante... O que, afinal, nos leva ao jogo com 1 só disco. Mas *esse* é fácil de resolver: basta pegarmos o único disco e movê-lo para qualquer outro pino.

Podemos interpretar geometricamente essa estrutura recursiva, e é aí que surge a conexão com o triângulo de Sierpinski. Qualquer quebra-cabeça desse tipo geral (mover objetos, número finito de posições) pode ser associado a um grafo H_n cujos vértices sejam as posições permitidas dos discos e cujas arestas representem os movimentos permitidos entre as posições. Qual é a aparência de H_n? Por exemplo, considere H_3, que descreve as posições e movimentos de um jogo com 3 discos. Para representar uma posição, numere os três discos como 1, 2, 3 — 1 é o menor, 3 é o maior. Numere os pinos como 1, 2, 3 da esquerda para a direita. Suponha, por exemplo, que o disco 1 esteja no pino 2, o disco 2 esteja no pino 1 e o disco 3 esteja no pino 2. Dessa forma definimos perfeitamente a posição do jogo, porque as regras determinam que o disco 3 deve estar *embaixo* do disco 1. Assim, podemos codificar essas informações na sequência 212, cujos três algarismos representam respectivamente os pinos em que estão os discos 1, 2 e 3. Portanto, cada posição no jogo com 3 discos corresponde a uma sequência de três algarismos, de valores 1, 2 ou 3. Existem $3^3 = 27$ posições, porque cada disco pode estar em qualquer pino, independentemente dos demais.

Quais são os movimentos permitidos? O menor disco de determinado pino deve estar no topo, portanto corresponde ao *primeiro* surgimento do número desse pino na sequência. Para mover esse disco (legalmente) devemos mudar seu número, de modo que se torne o primeiro surgimento de algum outro número. Por exemplo, da posição 212, podemos fazer movimentos legais para as posições 112, 312 e 232, e somente essas. Desse modo, podemos encontrar todas as 27 posições e todas as jogadas possíveis, e o grafo H_3 ficará igual à Figura 17.5, formada por três cópias de um grafo menor (de fato, H_2) ligadas por três arestas, formando um triângulo.

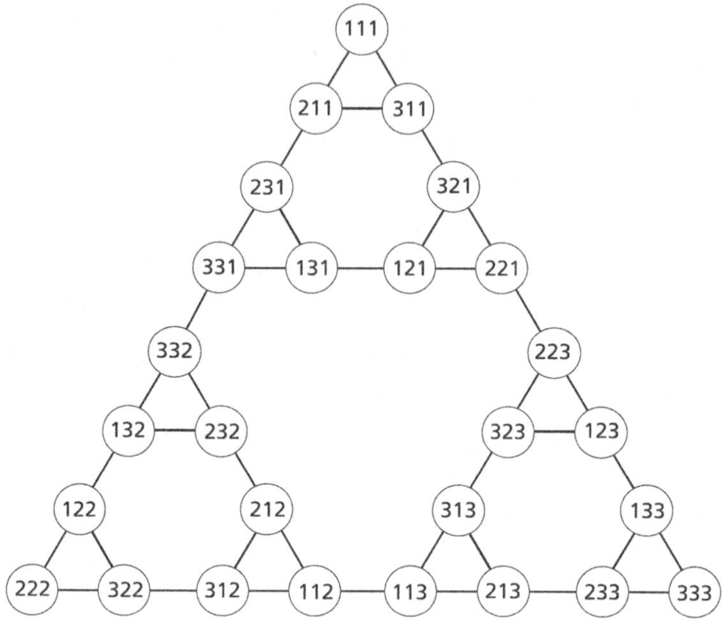

Figura 17.5
Grafo H_3 da Torre de Hanói com 3 discos.

Cada grafo menor H_2 tem uma estrutura tripla semelhante, o que é uma consequência da solução recursiva. As arestas que unem os três grafos H_2 são as etapas em que movemos o disco de baixo, e as três cópias de H_2 são as maneiras pelas quais podemos mover *somente* os dois discos de cima — uma cópia para cada posição possível do terceiro disco. O mesmo vale para qualquer H_n: este grafo é formado de três cópias de H_n - 1, ligadas de um modo triangular. A Figura 17.6 mostra H_5.

Observe que à medida que o número de discos aumenta, o grafo se torna cada vez mais parecido com o triângulo de Sierpinski.

Podemos usar o grafo para resolver todo tipo de pergunta sobre o quebra-cabeça. Por exemplo, o grafo é claramente conectado — é uma estrutura única, sem divisões —, portanto podemos nos mover de qualquer posição para qualquer outra. O caminho mínimo da posição inicial habitual para a posição final habitual corre em linha reta ao longo de uma das margens do grafo, portanto tem extensão $2^n - 1$. Esse resultado

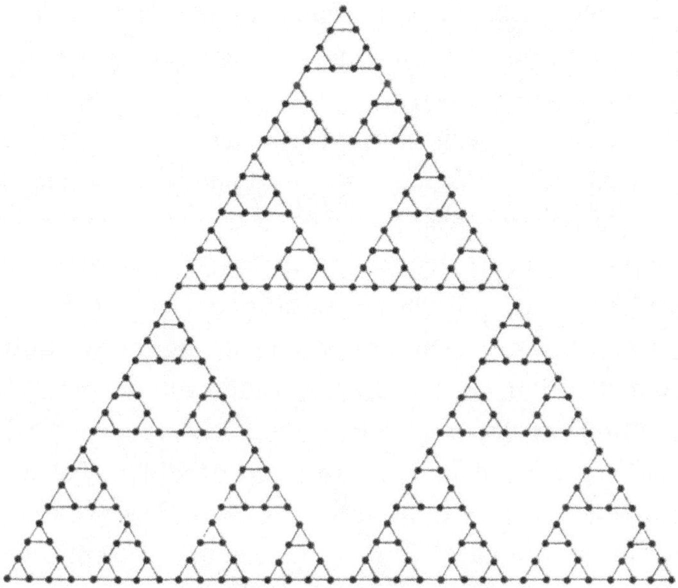

Figura 17.6
Grafo H_5 da Torre de Hanói com 5 discos.

é conhecido há muitos anos na forma "o disco maior se move apenas uma vez".

Passemos agora a um caso pessoal, que ilustra o modo como as ideias podem passar da matemática recreativa para uma linha central de pesquisa. Em 1989, escrevi sobre o grafo da Torre de Hanói em *Pour la Science*, a revista-irmã da *Scientific American*, publicada na França. Não muito depois, participei do Congresso Internacional de Matemáticos em Kyoto, onde conheci um matemático alemão chamado Andreas Hinz. Ele vinha tentando calcular a distância média entre dois pontos de um triângulo de Sierpinski, teve dificuldades e pediu ajuda a dois especialistas. Um deles disse "É muito difícil", e o outro disse "É trivial, e a resposta é 8/15". No fim das contas, viu-se que a prova do segundo especialista era falaciosa e que o primeiro estava certo. O equívoco equivalia a presumirmos que, na Torre de Hanói, o famoso teorema segundo o qual "o disco maior se move apenas uma vez", aplicado às posições inicial e final *habituais*, também fosse válido quando quiséssemos nos mover entre *quaisquer* duas posições pelo caminho mais eficiente. Isso nem sempre é verdade, sendo um erro comum na literatura.

Infelizmente, apreender a natureza da falácia não nos ajuda a encontrar a resposta correta. Mas Hinz já havia provado uma fórmula para o número médio de movimentos entre as posições da Torre de Hanói e, usando essa prova, pôde provar que, no jogo com n discos, o número médio de movimentos que ligam duas posições é assintótico a $(466/885)2^n$ — isto é, a fórmula representa uma boa aproximação para algum n de número elevado. Ao ler o meu artigo, ele percebeu que seu resultado para o jogo com n discos determina imediatamente que a distância média entre dois pontos num triângulo de Sierpinski é precisamente 466/885. (Basta dividirmos sua fórmula por $2^n - 1$, a extensão do "lado" de H_n, e escolhermos um n muito elevado. As unidades de medida devem ser escolhidas de modo que o lado do triângulo tenha extensão 1.) O resultado é cerca de 2% menor que o valor de 8/15 sugerido pelo segundo especialista.

Até o momento, essa abordagem pela Torre de Hanói é o único método conhecido para encontrarmos a resposta. Para os que adotam o pensamento estatístico, Hinz também provou que a variância da distância entre dois pontos aleatórios num triângulo de Sierpinski de lado unitário é precisamente 904808318/1448151575. Você também pode acrescentar *esse* número à lista dos "Números mais significativos do que parecem!"

CORREIO

Ron Menendez, de Chatham, Nova Jersey, apresentou mais um caso do triângulo de Sierpinski. Desenhe três pontos *A*, *B* e *C* no plano, nos vértices de um triângulo equilátero, e escolha aleatoriamente um ponto de partida *X* no plano. Escolha aleatoriamente um vértice *A*, *B* ou *C*, com probabilidade 1/3 (por exemplo, jogue um dado de modo que 1 ou 2 correspondam a *A*, 3 ou 4 a *B* e 5 ou 6 a *C*). Encontre o ponto médio da linha que une *X* ao vértice escolhido: essa será a nova posição de *X*. Agora repita o processo, sempre escolhendo aleatoriamente um vértice entre *A*, *B* e *C* e movendo *X* para o ponto médio entre sua posição atual e esse vértice. A não ser por alguns pontos iniciais onde o caminho se "acalma", a nuvem de pontos resultante é — um triângulo de Sierpinski!

Esse é um resultado bastante surpreendente, dada a aleatoriedade, e pode ser explicado pela teoria dos fractais autossimilares de Michael Barnsley. O triângulo de Sierpinski tem três vértices *A*, *B*, *C*. É formado por três cópias de si mesmo, cada uma com a metade do tamanho: ou seja, é obtido substituindo-se cada ponto do triângulo pelo ponto médio da linha que o une a *A*, *B* ou *C*. Essa característica do triângulo corresponde às regras para o caminho aleatório. Barnsley provou que, com probabilidade 1, qualquer caminho aleatório que siga essas regras "converge" para o triângulo de Sierpinski, o que significa que, após algumas etapas, todos os pontos que desenhamos se encontrarão muito próximos ao triângulo.

A elegância desse exemplo surge da emergência do triângulo, de maneira bastante aleatória, a partir de uma nuvem de pontos, ao invés de ser desenhado um pedaço por vez.

- 18 -
Defenda o Império Romano!

No século IV, o imperador romano Constantino perdeu o controle da Bretanha, e, pouco depois, o Império Romano entrou completamente em colapso. É uma pena que ele não entendesse de programação inteira zero-um. Só o que precisava fazer era calcular as melhores posições para suas tropas. Quantas legiões deveria ter mandado à Gália? Ao Egito? A Constantinopla? Hoje sabemos.

Durante a Segunda Guerra Mundial, ao conduzir as operações militares no Pacífico, o general MacArthur adotou a estratégia de "saltar de ilha em ilha" — mover as tropas de uma ilha para a seguinte, mas só quando pudesse deixar para trás um contingente grande o suficiente para proteger a ilha anterior. Naturalmente, à medida que a linha de frente avançava pelas ilhas invadidas, ele conseguia retirar as tropas da retaguarda, sem precisar reter grandes contingentes ao longo de toda a campanha em cada uma das ilhas capturadas.

O imperador romano Constantino se viu diante de um problema semelhante ao alocar suas tropas no século IV — mas sua tarefa era manter a segurança de todo o Império Romano. Ele adotou o que parece ter sido o primeiro registro da estratégia utilizada posteriormente por MacArthur no Pacífico. Em 1997, Charles S. ReVelle (Universidade Johns Hopkins) e Kenneth E. Rosing aplicaram técnicas matemáticas de "programação inteira zero-um" para estudar o problema de Constantino e descobrir se ele poderia ter aperfeiçoado sua estratégia. O trabalho é um belo exemplo — simples e instrutivo — dessa técnica em ação, além de constituir a base de um jogo muito divertido. Problemas como este — embora normalmente muito mais complexos — surgem com frequência nos processos comerciais e militares de tomada de decisões. Uma versão anterior do trabalho foi publicada na *Johns Hopkins Magazine*, em 1997, e os autores apresentaram uma descrição mais extensa no Isolde 8, o Simpósio Internacional sobre Decisões de Alocação, em 1999.

Para começar, façamos um problema de aquecimento: considere uma versão ligeiramente crua e bastante simplificada do Império Romano nos tempos de Constantino (Figura 18.1). Este "jogo de tabuleiro" mostra oito regiões, da Ásia Menor à Bretanha, com vias que as interligam.

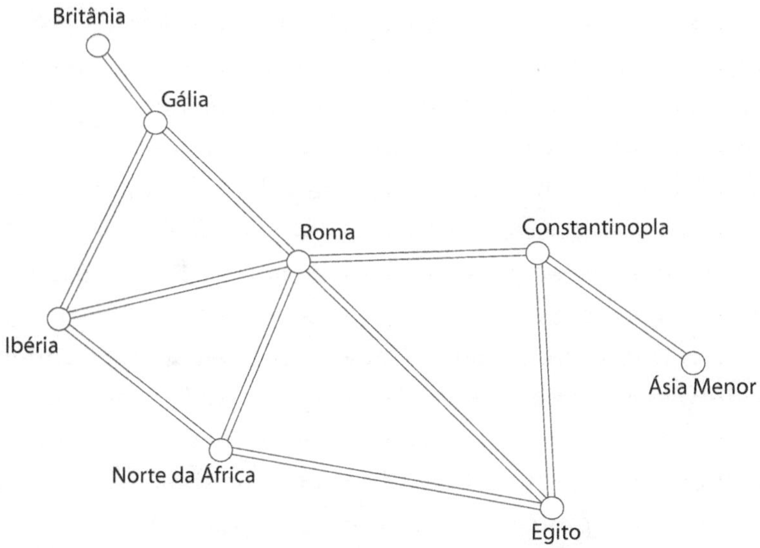

Figura 18.1
Versão do Império Romano no tempo de Constantino para esquentar o raciocínio.

Um século antes, as forças romanas haviam dominado a maior parte da Europa, e nessa época o império contava com 50 legiões. No século IV, porém, esse número havia caído quase à metade, chegando a 25 legiões. Com efeito, Constantino tratava essas legiões como quatro grupos, cada qual com seis legiões, e ignorava a legião "restante" (o que, na prática, fazia com que um grupo contivesse sete legiões, e não seis). Ele concebeu algumas regras simples para a alocação e o movimento das tropas, com o objetivo de aumentar a eficácia da segurança.

Pense em cada grupo de seis legiões como uma única "peça", que deve ser colocada em um dos círculos marcados no jogo de tabuleiro. Eis as regras de Constantino:

- Uma região estará protegida se conseguirmos ocupá-la com uma peça trazida de uma região adjacente em uma única jogada.
- No entanto, só poderemos mover uma peça dessa maneira se uma segunda peça ocupar a mesma região. (As regiões podem conter qualquer número de peças — ou seja, você pode posicionar quantos grupos de legiões quiser em cada região.)

Com essas regras, de que modo você alocaria os seus grupos para proteger todo o império — ou, caso isso não seja possível, para proteger a maior parte possível? Constantino optou por colocar dois grupos em Roma e dois em Constantinopla. Observe que, com essa alocação de tropas, uma região — a Bretanha — permanece desprotegida. Na verdade, utilizando as regras de Constantino, precisamos de quatro jogadas para levar um grupo até a Bretanha: tente encontrar um método antes de continuar a leitura.

Uma das maneiras possíveis é a seguinte: primeiro, mova uma peça de Roma à Gália (protegendo assim a Gália, que certamente seria muito mais importante para os romanos que a longínqua Bretanha, tão fria e úmida). A seguir, mova uma peça de Constantinopla a Roma, a seguir para a Gália, e finalmente para a própria Bretanha. Você consegue encontrar algum outro método para proteger a Bretanha, que comece com a alocação de Constantino e que use quatro jogadas ou menos? Caso contrário, consegue demonstrar que tal método não existe? (Ao pensarmos nessas questões, convém presumir que se, digamos, houver duas peças em Roma, não importa qual das duas moveremos — trata-se da "mesma" solução.)

Será possível aprimorar a alocação de Constantino? Sim, é possível — existe uma alocação com a qual podemos proteger todas as regiões em, no máximo, uma jogada. Novamente, tente encontrá-la antes de continuar a leitura.

De fato, existe exatamente uma alocação como essa. A saber: coloque duas peças em Roma, uma na Bretanha e uma na Ásia Menor. Por que será que Constantino não escolheu essa opção? Afinal, dessa maneira Roma fica com duas peças — 12 legiões —, exatamente como na solução encontrada pelo imperador. É provável que ele não tenha gostado dessa solução porque ela deixaria Roma seriamente enfraquecida se surgissem problemas em duas frentes diferentes. Depois que uma peça saísse de Roma, a outra ficaria presa ali — na verdade, depois desse primeiro movimento, que é o único possível, *todas* as demais peças ficam presas.

Eu disse que a Figura 18.1 era um aquecimento. O verdadeiro problema enfrentado por Constantino está na Figura 18.2, o "verdadeiro"

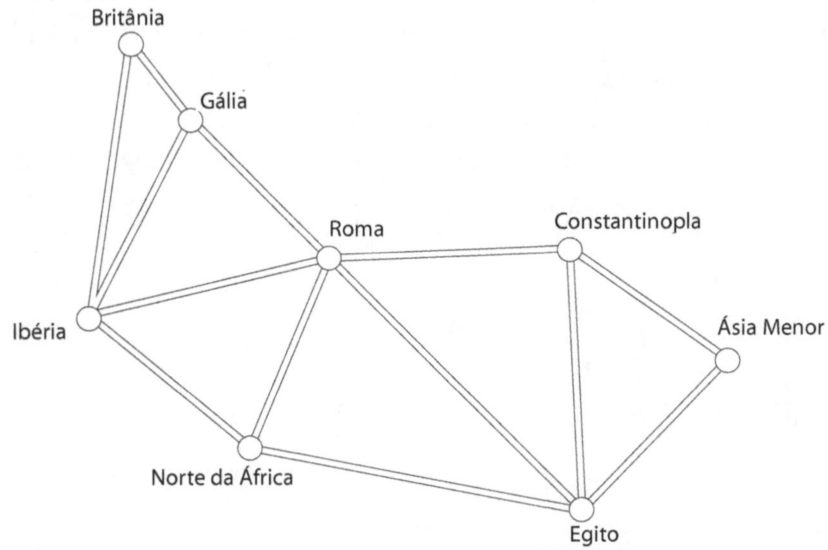

Figura 18.2
O problema no qual de fato se encontrava Constantino.

Império Romano, com conexões adicionais entre a Ibéria e a Bretanha e entre o Egito e a Ásia Menor. Constantino ainda preferiu sua própria alocação, claro. Entretanto, podemos decidir que não vamos nos preocupar com uma guerra em duas frentes, e nesse caso a nossa solução "melhorada" — duas peças em Roma, uma na Bretanha e uma na Ásia Menor — ainda protege todo o império em apenas uma jogada. A questão é que agora temos novas conexões que possibilitam outros movimentos das tropas, e podemos nos perguntar se existiriam outras soluções. Vou responder a essa pergunta ao final do capítulo, mas você talvez queira experimentar antes — desenhe o tabuleiro numa folha de papel e use moedas como peças. Antes que eu revele a resposta, deixe-me informá-lo um pouco sobre a matemática que podemos aplicar a outros problemas semelhantes, só que muito mais complexos.

Estamos lidando com um tema geral conhecido como "programação", no qual todos esses problemas são representados de forma algébrica. Uma forma de fazê-lo é construir uma tabela (o termo chique é "matriz") cujas linhas correspondam às peças e cujas colunas correspondam às regiões. Assim, a matriz tem quatro linhas e oito colunas. Como cada peça está ou não em alguma região, podemos usar um 0 para mostrar que certa peça não está numa certa região e um 1 para mostrar que está. A Figura 18.3 mostra a matriz correspondente à escolha de Constantino. Podemos transformar seus preceitos em regras para a modificação das entradas da matriz; dessa forma, o problema pode ser reformulado algebricamente.

	Roma	Egito	Constantinopla	Ásia Menor	Ibéria	Norte da África	Gália	Britânia
Peça 1	1	0	0	0	0	0	0	0
Peça 2	1	0	0	0	0	0	0	0
Peça 3	0	0	1	0	0	0	0	0
Peça 4	0	0	1	0	0	0	0	0

Figura 18.3
A matriz escolhida por Constantino.

Por motivos óbvios, chamamos tais questões de problemas de programação inteira zero-um.

Não vou entrar nos detalhes técnicos, mas vale a pena observar que o método de ReVelle e Rosing parte o problema em dois. O primeiro é chamado de problema da dominação. Este problema ignora a restrição de que há quatro peças, perguntando simplesmente qual é o menor número de peças que podemos alocar de modo que todas as regiões possam ser protegidas em no máximo uma jogada (se a resposta for "mais de quatro", então é evidente que o problema original não tem solução). O segundo problema é complementar ao primeiro, sendo chamado de problema da cobertura máxima. Este problema respeita a restrição das quatro peças, mas ignora a necessidade de protegermos todas as regiões. Em vez disso, ele pergunta qual é o maior número de regiões que podemos proteger (em uma jogada ou nenhuma) com quatro peças. (Também podemos considerar outras quantidades de peças, se necessário.)

Existem métodos gerais (incorporados em programas de computador) para resolver cada um desses problemas; tais métodos "cercam" o problema original, dizendo-nos se existe uma solução com quatro peças (sim) e se poderíamos resolvê-lo com menos peças (não). Além disso, os dois métodos, combinados, permitem que encontremos todas as soluções possíveis. Você já as encontrou? Esta é a sua última chance, pois vou dizer as respostas agora.

Em conjunto, temos agora seis soluções diferentes. Os números entre parênteses mostram quantas peças devemos colocar nas regiões citadas (já conhecemos a solução 4).

1. Ibéria (2), Egito (2).
2. Ibéria (2), Constantinopla (2).
3. Ibéria (2), Ásia Menor (2).
4. Bretanha (1), Roma (2), Ásia Menor (1).
5. Bretanha (2), Egito (2).
6. Gália (2), Egito (2).

O método de ReVelle e Rosing parece ser o primeiro (e até agora o único) capaz de resolver tais problemas de alocação numa rede geral, sendo praticável em redes realisticamente extensas, apesar do enorme número de arranjos que poderiam surgir, em princípio.

Como sabemos, o imperador Constantino perdeu o controle da Bretanha. As causas foram certamente mais complexas que as que este modelo simples poderia abranger. Ainda assim, podemos defender a ideia de que, se Constantino tivesse sido um matemático melhor, o Império Romano poderia ter durado por mais tempo. (Estou só brincando... Com um modelo mais realista, numa situação mais complexa, o argumento talvez fosse válido.)

O que temos agora é apenas um quebra-cabeça, para o qual já revelei a solução. Mas você pode tentar jogá-lo em redes diferentes, com outras quantidades de peças e modificando as regras. Em particular, pense em versões competitivas com dois (ou mais) jogadores, cada um equipado com suas próprias peças — digamos, vermelhas e azuis —, e as peças são removidas do tabuleiro se, digamos, houver mais peças vermelhas que azuis numa dada região (neste caso, o vermelho "ganha" e as peças azuis são capturadas). Com alguma experimentação, você poderá inventar ótimos jogos.

- 19-
Roubo de triângulos

Aprimore sua topologia com um jogo de regras muito simples, mas com considerações estratégicas diabolicamente difíceis. Os matemáticos acham que sabem quem deverá ganhar, se todas as jogadas forem perfeitas... Mas, como você pode imaginar, eles não fazem a menor ideia de como provar que estão certos.

A tradição de explicar a matemática por meio de jogos e enigmas remonta ao menos aos antigos babilônios, cujas tábuas de argila trazem questões de aritmética que seriam perfeitamente reconhecíveis como os "problemas" resolvidos por crianças na escola. O rápido crescimento de áreas inteiramente novas da matemática levou ao surgimento de novos jogos, cujas regras não podem ser apresentadas sem que recorramos a conceitos que seriam bastante estranhos aos babilônios, como topologia ou teoria dos conjuntos. Num artigo publicado no livro *Games of No Chance*, escrito por Richard K. Guy (Universidade de Calgary) e publicado em 1996, o autor cita um jogo inventado por David Gale (Universidade da Califórnia, Berkeley), que inicialmente aparenta ser um jogo sobre teoria dos conjuntos, mas que termina como um jogo topológico. O jogo é bem interessante para matemáticos recreativos: por exemplo, ainda não sabemos qual jogador tem mais possibilidade de criar uma estratégia imbatível, embora Gale tenha feito uma conjectura plausível. Além disso, é fácil inventarmos variações igualmente divertidas de jogar.

Lembre-se de que os objetos básicos da teoria dos conjuntos são exatamente os *conjuntos*, que representam coleções de objetos de algum tipo específico. Os objetos de um conjunto são seus *elementos*, que estão *contidos** no conjunto.

Se um conjunto tem um número finito de elementos, podemos defini-lo listando os elementos dentro de chaves: por exemplo, {2,3,5,7} é o conjunto de todos os números primos menores que 10. Um conjunto *X* é um *subconjunto* de um conjunto *Y* se todos os elementos de *X* forem elementos de *Y*: por exemplo, o conjunto {3,5,7}, formado por todos os números primos ímpares menores que 10, é um subconjunto de {2,3,5,7}. Todos os conjuntos são considerados subconjuntos de si mesmos; dizemos que um subconjunto de *X* é *próprio* se for diferente de *X*.

Os conjuntos podem ter um único elemento: por exemplo, {2}, o conjunto de todos os números primos pares. Um conjunto pode *não* ter elementos; nesse caso, é chamado de conjunto *vazio*. Um exemplo é o conjunto de todos os números primos pares maiores que 3, que, representado entre chaves, seria { }.

O jogo de Gale é chamado Roubo de Subconjuntos. Ele começa com um conjunto finito *S*, que podemos considerar como sendo o conjunto {1, 2,..., *n*} dos números inteiros que vão de 1 a *n*. Os jogadores escolhem alternadamente um subconjunto próprio e não vazio de *S*, com base em uma condição: nenhum subconjunto escolhido anteriormente (por qualquer jogador) pode ser um subconjunto do novo subconjunto. O primeiro jogador que não conseguir definir um novo subconjunto perde o jogo.

Um modo prático de jogarmos é desenhar uma série de colunas numa folha de papel, encabeçadas pelos números 1, ..., *n*, e marcar uma linha de cruzamentos nas colunas que correspondem ao subconjunto escolhido. Nenhuma jogada nova poderá incluir todos os cruzamentos de alguma jogada anterior. Uma maneira mais interessante de representarmos as jogadas, que mencionaremos a seguir, é geométrica — na verdade, topológica.

---

* Ver nota no Capítulo 4. (N.T.)

Mais uma vez, sejam os jogadores Alice e Bruno; Alice joga primeiro. Quando $n = 1$, não há jogadas válidas. Quando $n = 2$, temos $S = \{1,2\}$. As únicas jogadas possíveis de abertura para Alice são $\{1\}$ e $\{2\}$, e qualquer que seja a escolha dela, Bruno poderá escolher o outro conjunto. Então Alice fica sem opções, e Bruno vence.

Quando $n = 3$, temos $S = \{1,2,3\}$. Suponha que Alice escolheu um subconjunto com dois elementos, por exemplo, $\{1,2\}$. Então, Bruno pode escolher o subconjunto complementar (tudo o que Alice não escolheu), que, neste caso, é $\{3\}$. Agora, Alice não pode escolher nada que contenha 3, portanto deve escolher um subconjunto de $\{1,2\}$, e a partir desse ponto o jogo é exatamente igual ao anterior, no qual o conjunto de partida era $\{1,2\}$, pois Bruno também está impedido de escolher qualquer subconjunto que contenha 3. Portanto Bruno vence novamente. O mesmo vale se Alice começar o jogo com qualquer outro subconjunto que contenha dois elementos, pelo mesmo motivo. No entanto, Alice pode utilizar uma abertura diferente: um subconjunto formado por um único elemento, como $\{3\}$. Nesse caso, Bruno escolhe o subconjunto complementar $\{1,2\}$, e o jogo novamente deverá continuar como se o conjunto inicial fosse $\{1,2\}$, e assim Bruno vence mais uma vez. Como a abertura de Alice deve ser um subconjunto formado por um ou dois elementos, Bruno encontrou uma estratégia imbatível: "sempre jogar o complemento da jogada de Alice".

Antes de continuar a leitura, você talvez queira considerar se a mesma estratégia daria a vitória a Bruno se n fosse maior que 3.

Aí entra a topologia. Essa área da matemática costuma ser descrita como a "geometria da folha de borracha", o estudo das propriedades de objetos que não se alteram quando o objeto é deformado continuamente. Neste caso, porém, não precisamos de nenhum elástico. Em vez disso, usamos uma das técnicas básicas da topologia, que é — quando possível — a triangulação do objeto: isto é, dividi-lo em triângulos unidos pelas arestas. Em termos estritos, a descrição se aplica somente às superfícies, mas podemos utilizar a mesma abordagem em objetos de maiores dimensões se substituirmos os triângulos por "simplexos". Por exemplo, um simplexo tridimensional, ou 3-simplexo, é um tetraedro, com vértices

1,2,3,4. Possui quatro faces, seis arestas e quatro vértices. Suas faces são triângulos: 2-simplexos. As arestas são segmentos de reta: 1-simplexo. E os vértices são pontos: 0-simplexo. Além disso, esses pedaços de 3-simplexos correspondem exatamente a subconjuntos de {1,2,3,4}. O próprio tetraedro corresponde ao conjunto inteiro {1,2,3,4}. As faces correspondem aos subconjuntos de 3 elementos {1,2,3}, {1,2,4}, {1,3,4} e {2,3,4}. As arestas correspondem aos subconjuntos de 2 elementos {1,2}, {1,3}, {1,4}, {2,3}, {2,4} e {3,4}. E os vértices correspondem aos subconjuntos de 1 elemento {1}, {2}, {3}, {4}.

Da mesma forma, um (n – 1)-simplexo pode ser identificado com o conjunto {1,2,...,n}, e seus diversos lados (vamos usar este termo independentemente da dimensão) de dimensões mais baixas podem ser identificados com subconjuntos cujos tamanhos excedem a dimensão por 1.

Podemos agora mudar o nome do jogo, de Roubo de Conjuntos para Apagamento de Simplexos. Os jogadores começam com um simplexo. Cada jogada consiste em escolher um subsimplexo próprio de qualquer dimensão e apagar seu interior, além de todos os subsimplexos de dimensões maiores que o tenham como um de seus lados. No entanto, a margem do subsimplexo escolhido — todos os seus lados — permanece.

Podemos usar essa representação topológica para analisar o Apagamento de Simplexos para um 3-simplexo, que corresponde ao Roubo de Conjuntos para n = 4. A posição inicial é um 3-simplexo completo; ou seja, um tetraedro. Como o conjunto completo {1,2,3,4} não é uma jogada permitida, este tetraedro é "oco" — seu interior não vale como uma jogada. A Figura 19.1 mostra uma série de jogadas permitidas (diagramas como esse, construídos a partir de simplexos de várias dimensões, são chamados de *complexos simpliciais*). Uma análise sistemática de todas essas sequências mostra que existe uma estratégia imbatível para Bruno no jogo com n = 4. O mesmo vale para n = 5 e 6, o que levou Gale a conjecturar que, independentemente do valor de n, Bruno sempre poderá encontrar uma estratégia imbatível. Até onde eu sei, essa conjectura ainda não foi provada nem refutada.

Em 1997, J. Daniel Christiansen (MIT) e Mark Tilford (Caltech) aplicaram ideias topológicas mais sofisticadas para criar uma técnica chamada

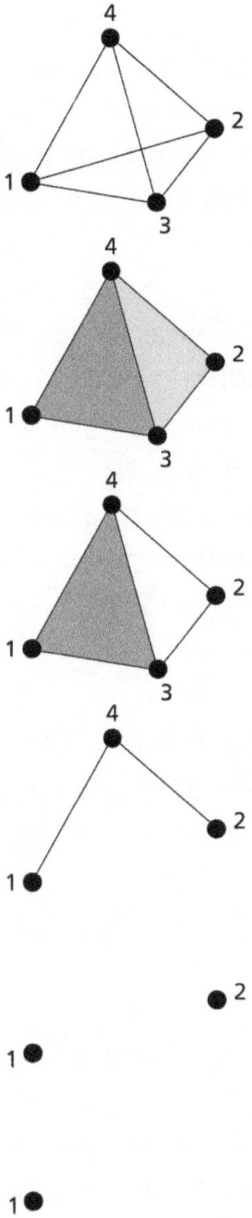

Posição inicial: Todos os subsimplexos disponíveis, a não ser {1, 2, 3, 4}.

Alice escolhe {1, 2}: Todas as arestas e vértices estão disponíveis, além da face triangular sombreada.

Bruno escolhe {2, 3, 4}: Apenas o interior de um triângulo é apagado.

Alice escolhe {3}: Todo subconjunto que contenha 3 é apagado, o que deixa disponível apenas isto.

Bob escolhe {4}: Agora o jogo está como no caso de n=2.

Alice escolhe {2}.

Bob escolhe {1} e Alice não tem mais saída.

Figura 19.1
Típico jogo para um conjunto de quatro elementos.

"redução por estrelas binárias", que pode ser usada para simplificar a análise do jogo em certas circunstâncias. Suponha que, em algum momento do jogo, cheguemos a uma posição (representada por um complexo simplicial) na qual existam dois vértices x e y que formem uma *estrela binária* — o que significa que preenchem estas três condições:

1. A aresta $\{x,y\}$ não está presente.
2. Se X for qualquer subconjunto da posição atual do jogo que contenha x, e se x for então substituído por y, o subconjunto resultante também será um subconjunto da posição atual do jogo.
3. Se Y for qualquer subconjunto da posição atual do jogo que contenha y, e se y for então substituído por x, o subconjunto resultante também será um subconjunto da posição atual do jogo.

Assim, podemos remover os vértices x e y, com todos os simplexos que os contêm, sem alterar o vencedor (contanto que os jogadores utilizem a melhor estratégia disponível). Utilizando essa técnica, a prova de que, usando a estratégia ideal, Bruno sempre poderá vencer o Roubo de Subconjuntos para $n = 5$ ou 6 se torna muito mais simples, e leva apenas alguns minutos de análise.

De volta à minha pergunta sobre a estratégia do "complemento". Quando $n = 4$, Alice pode começar com um 0-simplexo (vértice), um 1-simplexo (aresta) ou um 2-simplexo (face triangular). Se ela escolher um vértice e Bruno escolher o complemento, então o jogo será reduzido ao caso $n = 3$, e Bruno vence. Se ela escolher uma face triangular e Bruno escolher o ponto complementar, o jogo será novamente reduzido ao caso $n = 3$.

Mas o que ocorre se Alice escolher uma aresta (que, usando números, podemos presumir que seja $\{1,2\}$) e Bruno escolher a aresta complementar $\{3,4\}$? A Figura 19.2 mostra que, mais adiante, Bruno não poderá escolher um subconjunto complementar, porque tal subconjunto não será um simplexo. Portanto, a estratégia "complementar" falha, pois não especifica uma jogada permitida. No entanto, utilizando uma estratégia adequada, Bruno ainda vence quando $n = 4$. Christiansen e Tilford conjecturaram que, para todo n, a resposta correta de Bruno a qualquer abertura de Alice é escolher o subconjunto complementar da primeira jogada. Porém, a partir de então, ele poderá ser forçado a fazer uma escolha diferente do complemento da jogada de Alice, como acabamos de ver.

O mesmo jogo pode ser jogado com qualquer complexo simplicial. Poderíamos esperar que, se que o jogo for jogado em alguma triangulação de um simplexo (isto é, um complexo simplicial obtido da subdivisão de um simplexo), então Alice sempre vencerá (e não Bruno). De fato, se

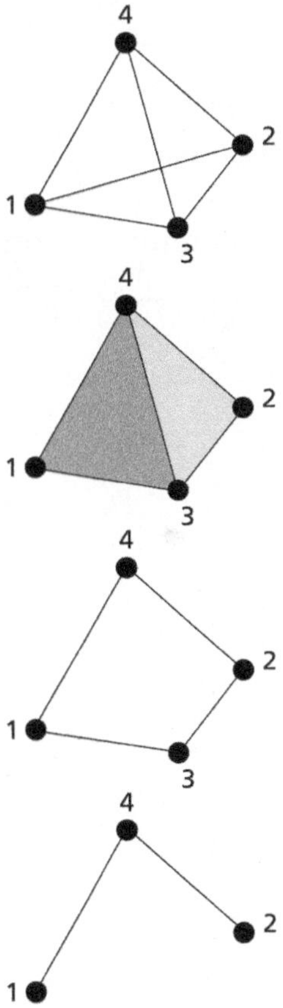

Posição inicial: Todos os subsimplexos estão disponíveis, a não ser {1, 2, 3, 4}.

Alice escolhe {1, 2}.

Bruno escolhe {3, 4}.

Alice escolhe {3}.

Bruno não pode escolher o complemento {1, 2, 3}, uma vez que não é um simplexo.

Figura 19.2
O que dá errado na estratégia do complemento.

isso for verdade, então a conjectura de Gale estará correta (vou deixar que você descubra por quê, e por que esperamos que Alice vença). No entanto, a Figura 19.3 mostra uma triangulação na qual Bruno vence — novamente, vou deixar que você descubra por quê.

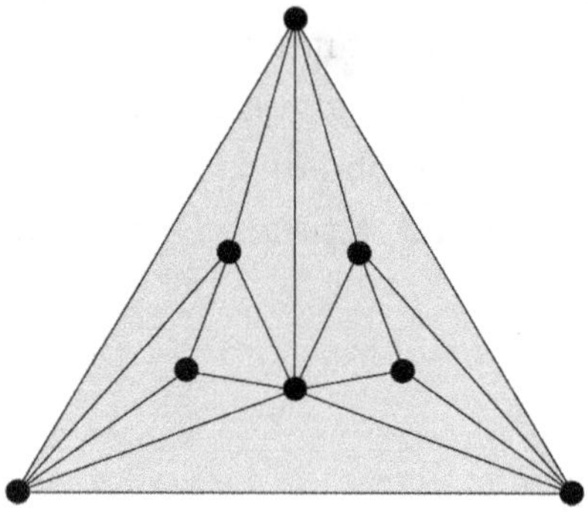

Figura 19.3
Bruno também ganha nesse complexo simplicial.

Análises por computador poderão provar ou refutar a conjectura de Gale para $n = 7$, 8 ou outros valores baixos. Para n maiores, o que precisamos é de uma nova *ideia*.

– 20 –
A Páscoa é um quase cristal

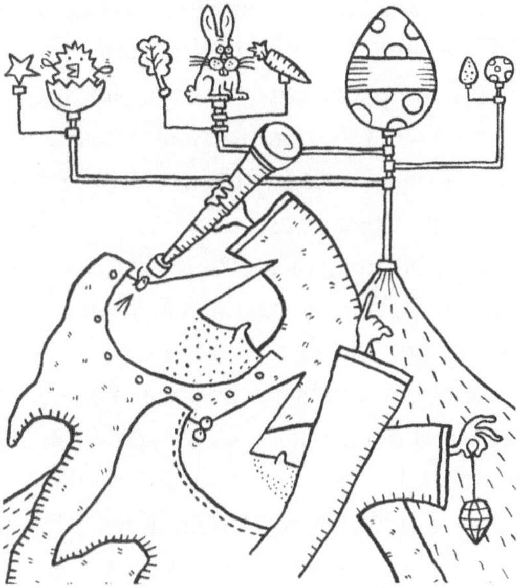

A Páscoa cai no primeiro domingo após — mas não no mesmo dia — a primeira lua cheia que ocorre no, ou depois do, equinócio da primavera no hemisfério Norte, que, por convenção, considera-se que seja no dia 21 de março, mesmo quando não é... E não é a Lua *real*, e sim uma ficção eclesiástica... Ah, droga, acho melhor prevermos a data do Natal.

A minha primeira coluna "Recreações Matemáticas" para a *Scientific American* foi sobre o teorema do Natal, de Fermat. Com a chegada da Páscoa, achei que seria apropriado dedicar a minha 96ª e última coluna à Páscoa. Este capítulo se baseia nesta coluna.

O Natal sempre cai no dia 25 de dezembro, portanto não é difícil calcular sua data... Mas com a Páscoa é outra história. Ela pode cair em qualquer data entre 22 de março e 25 de abril, um período de cinco semanas. A Igreja Católica primitiva bolou seus próprios métodos para calcular a data da Páscoa.

Os matemáticos entraram em cena quando Carl Friedrich Gauss, habitualmente considerado o maior matemático de todos os tempos, inventou um conjunto simples de regras para determinar essa data, bastando sabermos o ano em questão. Infelizmente, o trabalho de Gauss continha um pequeno deslize, que fazia com que, no ano 4200, a data fosse 13 de abril, quando na verdade deveria ser no dia 20 de abril. Ele corrigiu esse erro manualmente, em sua cópia do artigo publicado.

O primeiro procedimento correto e puramente matemático foi apresentado em 1876 por um matemático norte-americano anônimo na revista científica *Nature*. Em 1965, Thomas H. O'Beirne publicou dois procedimentos semelhantes em seu livro *Puzzles and Paradoxes*, e vou descrever um deles a seguir. Mais recentemente, o cristalógrafo Alan MacKay (University College, Londres) observou que a Páscoa é um quase cristal temporal — um comentário enigmático que logo explicarei.

A data da Páscoa muda de ano em ano, por diversos motivos históricos. Em primeiro lugar, deve ser num domingo, porque a crucificação ocorreu numa sexta-feira e a ressurreição no domingo. Por ter ocorrido no mesmo dia que a *Pessach* judaica, celebrada uma semana após a primeira lua cheia da primavera no hemisfério Norte, a Páscoa deve estar relacionada a ela.

Assim, a data da Páscoa foi ligada a vários ciclos astronômicos distintos, e é aí que surgem as verdadeiras dificuldades. O mês lunar tem atualmente cerca de 29,53 dias, e o ano solar, cerca de 365,24 dias. Isso leva a 12,37 meses lunares por ano, uma relação inconveniente, pois não se trata de um número inteiro. Portanto, temos que 235 meses lunares correspondem bastante bem a 19 anos solares, e o sistema da Igreja para determinar a data da Páscoa explora essa coincidência.

Em 325 d.C., o Concílio de Niceia decidiu que a Páscoa deveria cair no primeiro domingo após (mas não no mesmo dia que) a primeira lua cheia que ocorresse no, ou depois do, equinócio de primavera no hemisfério Norte. Esse é o dia de março no qual noite e dia têm a mesma duração: tornam-se novamente iguais no equinócio de outono, que ocorre em setembro. Além disso, por convenção, ficou definido que o equinócio de primavera seria no dia 21 de março. No entanto, esse foi apenas um dos eventos fundamentais de uma história complexa, como veremos. Nos anos bissextos, o verdadeiro equinócio poderia cair ocasionalmente no dia 22 de março: essa possibilidade foi ignorada. Naquele tempo, o ano se baseava no calendário juliano, que continha um ano bissexto a cada quatro; presumia-se que as luas cheias se repetiam exatamente a cada 19 anos julianos de 365 e 1/4 dias. Certo malabarismo com as convenções do calendário para os meses lunares fez com que esse período fosse igual a 235 meses lunares de 29 ou 30 dias (ocasionalmente 31, num ano bissexto). O ciclo se repetia exatamente a cada 76 anos — quatro ciclos de 19 anos, após os quais o padrão dos anos bissextos se repetiria. O princípio matemático é o de que dois ciclos formados por números inteiros de dias devem ser repetidos uma quantidade de vezes igual ao seu menor múltiplo comum até que os dois ciclos voltem ao que eram originalmente, e 76 é o mínimo múltiplo comum de 19 e 4.

O período de 19 anos foi chamado de ciclo lunar, e a posição do ano nesse ciclo era indicada pelo chamado número áureo, que corria de 1 a 19, recomeçando então do 1. As datas da Páscoa se repetiam num ciclo de 532 anos.

Era um sistema ordenado, mas infelizmente a matemática não respeitava precisamente as verdadeiras durações do mês lunar e do ano solar; assim, com o passar do tempo, o calendário começou a se desviar em relação às estações. (O famoso escritor Dante Alighieri observou que, em algum momento, janeiro não mais seria um mês de inverno no hemisfério Norte.) A discussão prosseguiu por mais mil anos, até 1582, quando o papa Gregório reformou o calendário civil, omitindo os anos bissextos nos anos que fossem múltiplos de 100, a não ser nos múltiplos de 400, que continuariam a ser bissextos (como ocorreu com o ano 2000, por exemplo). Para corrigir o desvio anterior, foram omitidos dez dias entre 4 e 15 de outubro.

Gregório foi aconselhado pelo astrônomo Clávio, de cuja atenção escapavam pouquíssimos fenômenos relevantes. Além de conter o número áureo, o procedimento de cálculo da Igreja inclui um segundo valor chamado de *epacta*, um número inteiro entre 1 e 30 que fornece a idade presumida da Lua (começando em 0 = 30 = lua nova) em dias, imediatamente antes de 1º de janeiro do ano em questão. Ao começo de cada século, o ciclo de epactas é revisto, mas o ciclo de números áureos prossegue sem perturbações. A escolha da epacta corrige os erros do calendário juliano e também o fato de que 235 meses lunares não correspondem exatamente a 19 anos solares. Tais correções não ocorreram em 1900, 2000 nem 2001, mas em 2002 foi necessária uma correção.

Esse sistema é um meio-termo. O verdadeiro equinócio astronômico pode acontecer muito mais cedo, em 19 de março — como ocorrerá em 2096 —, ou muito tarde, no dia 21 de março, como em 1903. Em 1845 e 1923, a lua cheia astronômica ocorreu *no* domingo de Páscoa em muitas partes do mundo e, nas longitudes orientais, ocorreu na segunda-feira de Páscoa. Em 1744, houve uma lua cheia num sábado, oito dias antes do domingo de Páscoa, mas em longitudes extremamente ocidentais a lua cheia ocorreu na sexta-feira.

A verdadeira Lua não obedece servilmente às convenções eclesiásticas.

Para completar seus cálculos, a Igreja empregou um sistema de letras ABCDEFG para os sete dias da semana, começando com A em 1º de janeiro. Cada ano tem uma *Letra Dominical*, que corresponde à letra do domingo. Como todos os demais cálculos ignoram o dia 29 de fevereiro nos anos bissextos (que, para estes propósitos, é identificado com o 1º de março), tornam-se necessárias duas Letras Dominicais nos anos bissextos — uma para janeiro e fevereiro, outra para os demais meses. Armados com todas essas informações, podemos tabular os aspectos relevantes do calendário de qualquer ano dado, encontrando assim a data da Páscoa.

O método de O'Berine incorpora os diversos ciclos e ajustes num esquema aritmético, que vou apresentar agora aplicando-o ao ano 2001.

Seja x o ano do calendário gregoriano em questão. Agora, execute as seguintes dez operações (é fácil programá-las num computador):

1. Divida x por 19 para obter um quociente (que ignoramos) e um resto A.
2. Divida x por 100 para obter um quociente B e um resto C.
3. Divida B por 4 para obter um quociente D e um resto E.
4. Divida $8B + 13$ por 25 para obter um quociente G e um resto (que ignoramos).
5. Divida $19A + B - D - G + 15$ por 30 para obter um quociente (que ignoramos) e um resto H.
6. Divida $A + 11H$ por 319 para obter um quociente M e um resto (que ignoramos).

7. Divida C por 4 para obter um quociente J e um resto K.
8. Divida $2E + 2J - K - H + M + 32$ por 7 para obter um quociente (que ignoramos) e um resto L.
9. Divida $H - M + L + 90$ por 25 para obter um quociente N e um resto (que ignoramos).
10. Divida $H - M + L + N + 19$ por 32 para obter um quociente (que ignoramos) e um resto P.

Assim, o domingo de Páscoa será o P-ésimo dia do M-ésimo mês (onde 3 = março, 4 = abril).

Além disso: o número áureo é $A + 1$, e a epacta é $23 - H$ ou $53 - H$ — o que for positivo. Podemos encontrar a letra dominical dividindo $2E + 2J - K$ por 7 e encontrando o resto. Então, 0 = A, 1 = B, 2 = C e assim por diante.

Vamos tentar esse método com $x = 2001$. Dessa forma, (1) $A = 6$; (2) $B = 20$, $C = 1$; (3) $D = 5$, $E = 0$; (4) $G = 6$; (5) $H = 18$; (6) $M = 0$; (7) $J = 0$, $K = 1$; (8) $L = 6$; (9) $N = 4$; (10) $P = 15$. Portanto, a Páscoa de 2001 foi em 15 de abril.

Em termos gerais, as dez etapas têm os seguintes efeitos:

1. Encontra a posição do ano no ciclo de 19 anos. (De fato, $A + 1$ é o número áureo desse ano.)
2. Regra dos anos bissextos do calendário gregoriano: B aumenta em 1 a cada século (a cada múltiplo de 100).
3. D aumenta somente nos anos múltiplos de 100, E gera o número de múltiplos de 100 que *não* foram bissextos.
4. G é a correção mensal da epacta.
5. H equivale à epacta (que é $23 - H$ ou $53 - H$, o que for positivo).
6. M lida com um caso excepcional relacionado à epacta. De fato, $M = 0$ a menos que $H = 29$ (quando $M = 1$ e a epacta é 24) ou que $H = 28$ e $A > 10$ (quando, novamente, $M = 1$).
7. Começo do cálculo do dia da semana da lua cheia da Páscoa. Lida com anos bissextos comuns.
8. Deriva a data da lua cheia a partir da epacta.

9. Encontra o mês da Páscoa.
10. Encontra o dia do mês da Páscoa.

De maneira geral, a data da Páscoa retrocede oito dias a cada ano, mas às vezes aumenta por vários efeitos (anos bissextos, ciclo da lua e assim por diante), de modo que parece irregular, embora, na verdade, siga o procedimento aritmético descrito acima. Alan MacKay percebeu que esse retrocesso quase regular deveria surgir numa imagem da data da Páscoa com relação ao número do ano (Figura 20.1). O resultado é uma estrutura aproximadamente regular, como a estrutura atômica de um cristal (MacKay é um cristalógrafo). No entanto, as peculiaridades do calendário fazem com que as datas variem ligeiramente com relação à estrutura, portanto o diagrama é um *quase cristal*.

Os quase cristais não são tão regulares quanto os cristais (cujos átomos têm uma estrutura perfeitamente regular), mas não são nem um pouco aleatórios. Foram descobertos em conexão com uma classe curiosa de mosaicos no plano revelados pelo físico de Oxford Roger Penrose. Nesses mosaicos são usadas peças de duas formas distintas, que se encaixam exatamente no plano, mas sem repetir periodicamente o mesmo padrão. Os átomos dos quase cristais possuem a mesma quase regularidade.

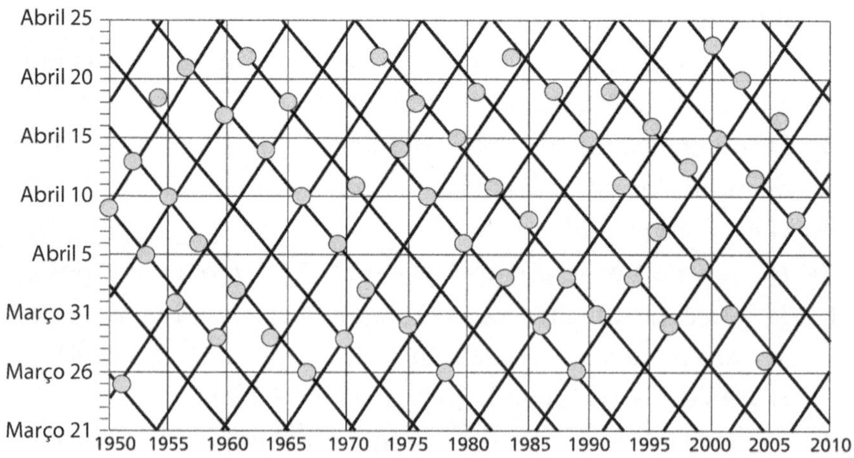

Figura 20.1
O quase cristal da Páscoa de 1950 a 2010.

Utilizando as regras do calendário gregoriano, o ciclo da Páscoa se repete exatamente a cada 5.700.000 anos, que contêm 70.499.183 meses lunares e 2.081.882.250 dias. Muito antes da primeira repetição, porém, as regras já se desviaram em relação à realidade astronômica. De qualquer forma, as extensões do mês e do dia se alteram devagar, principalmente por causa da fricção das marés.

Outros fatores também alteram a situação. No Reino Unido, uma decisão tomada pelo Parlamento em 1928 permite fixar a data da Páscoa, sem maiores debates, no primeiro domingo após o segundo sábado de abril, desde que as autoridades religiosas concordem com isso. Portanto, o cálculo da Páscoa talvez seja simplificado no futuro. Até lá, porém, será um exemplo maravilhoso de aproximações de números inteiros a ciclos astronômicos, com sua intrigante interpretação geométrica. E você pode se divertir programando as regras da Páscoa para descobrir, por exemplo, em que dia cairá a Páscoa no ano 1.000.000.

[RESPOSTA: no dia 16 de abril, assim como em 2006.]

Sugestões de leitura

Capítulo 1: A sua metade é maior que a minha!

Steven Brams, Alan D. Taylor e William S. Zwicker. "Old and new moving-knife schemes", *Mathematical Intelligencer*, vol.17, n.4, 1995, p.30-5.

Steven Brams, Alan D. Taylor e William S. Zwicker. "A moving-knife solution to the four-person envy-free cake-division problem", *Proceedings of the American Mathematical Society*, vol.125, 1997, p.547-54.

Jack Robertson e William Webb. *Cake Cutting Algorithms*. A.K. Peters, Natick, MA, 1998.

Capítulo 2: Revogando a lei das médias

William Feller. *An Introduction to Probability Theory and Its Applications*, vol.1. Wiley, Nova York, 1957.

Capítulo 3: O laço através do espelho

David Gale. *Tracking the Automatic Ant*. Springer, Nova York, 1998.

John H. Halton. "The shoelace problem", *Mathematical Intelligencer*, vol.17, 1995, p.36-40.

Capítulo 4: Paradoxo perdido

David Borwein, Jonathan Borwein e Pierre Maréchal. "Surprise maximization", *American Mathematical Monthly*, vol.107, n.6, 2000, p.517-27.

Jules Richard. "Les principes des mathématiques et le problème des ensembles", *Revue Générale des Sciences Pures et Appliquées* (1905); trad. in J. van Heijenoort (org.), *From Frege to Gödel: A Source Book in Mathematical Logic 1879-1931*, Harvard University Press, Cambridge, MA, 1967.

J. Richard. "Lettre à Monsieur le rédacteur de la Revue Générale des Sciences", *Acta Mathematica*, vol.30, 1906, p.295-6.

CAPÍTULO 5: Como sardinhas redondas enlatadas

Hans Melissen. *Packing and Covering with Circles*. Tese de doutorado, Universidade de Utrecht, 1997.

K.J. Nurmela e P.R.J. Östergård. "Packing up to 50 circles inside a square", *Discrete Computational Geometry*, vol.18, 1997, p.111-20.

K.J. Nurmela. "Minimum-energy point charge configurations on a circular disk", *Journal of Physics A*, vol.31, 1998, p.1.035-47.

CAPÍTULO 6: Xadrez interminável

Paul R. Halmos. "Problems for mathematicians young and old", *Dolciani Mathematical Expositions 12*, Mathematical Association of America, Washington, DC, 1991.

CAPÍTULO 8: Provas de conhecimento zero

Neal Koblitz. *A Course in Number Theory and Cryptography*. Springer, Nova York, 1994.

CAPÍTULO 9: Impérios na Lua

Joan P. Hutchinson. "Coloring ordinary maps, maps of empires, and maps of the moon", *Mathematics Magazine*, vol.66, 1993, p.211-26.

CAPÍTULO 10: Impérios e a eletrônica

Joan P. Hutchinson. "Coloring ordinary maps, maps of empires, and maps of the moon", *Mathematics Magazine*, vol.66, 1993, p.211-26.

CAPÍTULO 11: Ressuscitando o baralho

Persi Diaconis, Ron Graham e Bill Kantor. "The mathematics of perfect shuffles", *Advances in Applied Mathematics*, vol.4, 1983, p.175-96.

Martin Gardner. *Mathematical Carnival*. Penguin e Alfred A. Knopf, Nova York, 1975.

CAPÍTULO 12: A conjectura da bolha de sabão

Richard Courant e Herbert Robbins. *What Is Mathematics?*, Oxford University Press, Oxford, 1969.

Michael Hutchings, Frank Morgan, Manuel Ritore e Antonio Ros. "Proof of the double bubble conjecture", *Electronic Research, Announcements of the American Mathematical Society*, vol.6, 2000, p.45-9. Detalhes on-line em www.ugr.es/~ritore/bubble/bubble.pdf.

Cyril Isenberg. *The Science of Soap Films and Soap Bubbles*. Dover, Nova York, 1992.

Frank Morgan. "The double bubble conjecture", *Focus*, vol.15, n.6, 1995, p.6-7.

Frank Morgan. "Proof of the double bubble conjecture", *American Mathematical Monthly*, vol.108, 2001, p.193-205.

CAPÍTULO 13: Linhas cruzadas na fábrica de tijolos

Nadine C. Myers. "The crossing number of $C_m \times C_n$: A reluctant induction", *Mathematics Magazine*, vol.71, 1998, p.350-9.

CAPÍTULO 14: Divisão sem inveja

Steven Brams e Alan D. Taylor. "An envy-free cake division protocol", *American Mathematical Monthly*, vol.102, 1995, p.9-18.

Steven Brams, Alan D. Taylor e William S. Zwicker. "A moving-knife solution to the four-person envy-free cake-division problem", *Proceedings of the American Mathematical Society*, vol.125, 1997, p.547-54.

Jack Robertson e William Webb. *Cake Cutting Algorithms*. A.K. Peters, Natick, MA, 1998.

CAPÍTULO 15: Vaga-lumes frenéticos

J. Buck e E. Buck. "Synchronous Fireflies", *Scientific American*, vol.234, 1976, p.74-85.

Renato Mirollo e Steven Strogatz. "Synchronisation of pulse-coupled biological oscillators", *SIAM Journal of Applied Mathematics*, vol.50, 1990, p.1645-62.

C. Peskin. *Mathematical Aspects of Heart Physiology*. Courant Institute of Mathematical Sciences, Universidade de Nova York, Nova York, 1975, p.268-78.

CAPÍTULO 16: Por que o fio do telefone fica enroscado?

Colin Adams. *The Knot Book*, W.H. Freeman, São Francisco, 1994.

Richard B. Sinden. *DNA Structure and Function*. Academic Press, San Diego, 1994, vol.10, n.2, 1988, p.56-64.

Capítulo 17: O triângulo onipresente de Sierpinski

Ian Stewart. "Le lion, le lama et la laitue", *Pour la Science*, vol.142, 1989, p.102-7.

Marta Sved. "Divisibility – with visibility", *Mathematical Intelligencer*, vol.10, n.2, 1988, p.56-64.

Capítulo 18: Defenda o Império Romano!

Charles S. ReVelle e Kenneth E. Rosing. "Can you protect the roman empire?", *Johns Hopkins Magazine*, n.40, abr 1997 (solução na p.70 da edição de junho de 1997).

Capítulo 19: Roubo de triângulos

J. Daniel Christiansen e Mark Tilford. "David Gale's subset takeaway game", *American Mathematical Monthly*, vol.104, 1997, p.762-6.

Richard J. Nowakowski (org.), *Games of No Chance*, Cambridge University Press, Cambridge, 2002.

Capítulo 20: A Páscoa é um quase cristal

Alan L. MacKay. "A time quasi-crystal", *Modern Physics Letters B*, vol.4, n.15, 1990, p.989-91.

Thomas H. O'Beirne. *Puzzles and Paradoxes*. Oxford University Press, Oxford, 1965.

Créditos das figuras

Figuras 5.1 a 5.5: reproduzidas com permissão. © Hans Melissen, *Packing and Covering with Circles*, tese de doutorado, Universidade de Ultrech, 1977.

Figuras 12.2, a e b: reproduzidas com permissão. © John M. Sullivan, 1995, 1999.

Figuras 16.1 e 16.5: reproduzidas de *DNA Structure and Function*, Richard B. Sinden, Academic Press, San Diego, © 1994, com permissão da Elsevier.

Figura 16.2: reproduzida com permissão. © Matt Collins, 1999.

Figura 16.4: reproduzida com permissão de Zhifeng Shao, Universidade da Virgínia.

Índice remissivo